家用电器知识问答

李文联　张增常
朱新民　李　杨　主编

西安电子科技大学出版社

内 容 简 介

随着科学技术的发展，家用电器对人们日常生活的影响越来越大，人们在使用家用电器时会遇到各种各样的问题，比如如何选购、使用和维护家用电器，在使用家用电器时怎样节能，遇到问题时应怎样处理，等等。本书针对这些问题，做了通俗易懂的解答。

本书共分 12 篇，内容包括家用电器常识篇、家用照明器具篇、家用电热器具篇、家用洗涤电器篇、家用空气调节电器篇、家用制冷电器篇、家用卫生保健电器篇、家用音像设备篇、家用通信设备篇、家用计算机设备篇、家用数码产品篇、其他家用电器篇等。

图书在版编目(CIP)数据

家用电器知识问答/李文联等编著. —西安：西安电子科技大学出版社，2012.1

ISBN 978-7-5606-2696-3

Ⅰ. ① 家…　Ⅱ. ① 李…　Ⅲ. ① 日用电气器具—问题解答

Ⅳ. ① TM925-44

中国版本图书馆 CIP 数据核字(2011)第 230431 号

策　　划　杨丕勇

责任编辑　王　斌　杨丕勇

出版发行　西安电子科技大学出版社（西安市太白南路 2 号）

电　　话　(029)88242885　88201467　邮　编　710071

网　　址　www.xduph.com　　电子邮箱　xdupfxb001@163.com

经　　销　新华书店

印刷单位　西安文化彩印厂

版　　次　2012 年 1 月第 1 版　2012 年 1 月第 1 次印刷

开　　本　787 毫米×960 毫米　1/16　印张 9

字　　数　151 千字

印　　数　1～3000 册

定　　价　19.00 元

ISBN 978－7－5606－2696－3 / TM・0080

XDUP 2988001-1

前　　言

本书是在编者从事家用电器教学与实践多年，积累的丰富经验的基础上编写的。全书通俗易懂地解答了家用电器的原理、选购、使用和维护等问题，对于城乡居民、在校学生的科学技术知识的普及和技术素养的提高具有一定的作用。

本书共分12篇，内容包括家用电器常识篇、家用照明器具篇、家用电热器具篇、家用洗涤电器篇、家用空气调节电器篇、家用制冷电器篇、家用卫生保健电器篇、家用音像设备篇、家用通信设备篇、家用计算机设备篇、家用数码产品篇、其他家用电器篇等。

本书由襄樊学院、襄阳市科学技术协会和襄阳市物理学会组织编写，主编为李文联、张增常、朱新民、李杨。参加编写的还有徐进康、李志清、李凯、杨国海、金鑫、胡晗、王康宁、王小哲、李圣、杨建萍等。

本书是一本适合每个家庭使用的实用性很强的知识性兼专业性的科普读物，也可作为城乡劳动服务就业培训用书，以及从事家电服务维修的技术人员的参考书，亦可作为大学生技术素养培养的教学参考书或课外读物。

限于作者水平，书中难免存在不当之处，敬请广大读者批评指正。

编　者

2011年8月

目　录

一、家用电器常识篇

二、家用照明器具篇

三、家用电热器具篇

四、家用洗涤电器篇

五、家用空气调节电器篇

六、家用制冷电器篇

七、家用卫生保健电器篇

八、家用音像设备篇

九、家用通信设备篇

十、家用计算机设备篇

十一、家用数码产品篇

十二、其他家用电器篇

一、家用电器常识篇

1. 家用电器有哪些种类?

家用电器的分类方法在世界上尚未统一，但按产品的功能、用途分类较常见，大致分为八类：

(1) 制冷电器。包括家用电冰箱、冷饮机等。

(2) 空调器。包括房间空调器、电风扇、换气扇、冷热风器、空气除湿器、加湿器等。

(3) 清洁电器。包括洗衣机、干衣机、电熨斗、吸尘器、地板打蜡机等。

(4) 厨房电器。包括电炉、微波炉、电磁炉、电烤箱、电饭锅、洗碗机、电热水器、食物加工机等。

(5) 电暖器具。包括电热毯、电热被、电热服、室内加热器等。

(6) 整容保健电器。包括电动剃须刀、电吹风、整发器、超声波洗面器、电动按摩器、负离子发生器等。

(7) 音像电器。包括电视机、收音机、录音机、录像机、摄像机、组合音响等。

(8) 其他电器。如烟火报警器、煤气报警器、防盗报警器、电动玩具、计算机等。

2. 小家电有哪些种类?

家用电器中除去电视机、录像机、摄像机、照相机、大型收录机、组合音响、电冰箱、空调器、洗衣机、电动缝纫机、电子琴等，其余均可称为小家电。小家电不断发展，品种层出不穷，价格也有高有低，大致可分为以下五类:

(1) 厨房电器。包括电饭锅、电炒锅、电蒸锅、电火锅、电煎锅、微波炉、电磁炉、电烤箱、电暖瓶、电热水器、电炉、电咖啡壶、切菜机、绞肉机、榨汁机、多功能食品加工机、电动搅拌机、压面机、饺子机、家用碾米机、豆腐豆汁机、电动去皮机、酸奶生成器、刨冰机、冰淇淋机、洗碗机、净水器、开罐器、电子点火器、真空保鲜机、餐具干燥机、抽油烟机等。

(2) 盥洗室电器。包括换气扇、电淋浴器、超声波洗澡器、超声波洗面器、烘手器、浴缸擦洗器、电动牙刷、洗头用按摩器、脚浴按摩器、无雾梳妆镜、电吹风、电推剪、电热卷发器、电动剃须刀等。

(3) 环境清洁用电器。包括空气净化器、负离子发生器、除湿机、电热取暖器、电风扇、地毯清洗机、吸尘器、擦窗机、电熨斗、除草机、扫雪机、家用水泵、石英电子钟、灯具、电子门铃、烟雾报警器等。

(4) 保健电器。包括电动按摩器、电磁按摩器、捶骨器、电子针灸器、保健枕、生理信息治疗仪、电子起搏器、脉冲治疗器、电热毯、电子凉枕、助听器、电子灭蚊器等。

(5) 文化、娱乐电器。包括电视游戏机、电动玩具、电子自动钓鱼器、袖珍收音机、袖珍录音机、小型电子琴、计算器、家用电脑、电子打字机、文字处理机、家用复印机、家用传真机、电话及答录机等。

3. 家用电器对使用者的安全性能主要包括哪些方面?

(1) 防止人体触电。众所周知，触电会严重危及人身安全。有关资料表明，人体对电流的反应是：当电流为(8～10)mA 时，手摆脱电极已感到困难，有剧痛感；当电流为(20～25)mA 时，手迅速麻痹，不能自动摆脱电极，呼吸困难；当电流为(50～80)mA 时，呼吸困难，心房开始震颤；当电流为(90～100)mA 时，呼吸麻痹，三秒钟后心脏开始麻痹，停止跳动。防触电是产品安全设计的重要内容，要求产品在结构上应保证用户无论在正常工作条件下，还是在故障条件下使用产品，均不会触及到带有超过规定电压的元器件，以保证人体与大地或其他容易触及的导电部件之间形成回路时，流过人体的电流在规定限值以下。据有关媒体报道，我国每年因触电造成死亡的人数超过 3000 人，其中因家用电器造成触电死亡的人数超过 1000 人。因此，符合防触电保护安全标准是产品设计、制造中首先应当考虑的问题。

(2) 防止过高的温升。过高的温升不仅直接影响使用者的安全，而且还会影响产品其他安全性能，如造成局部自燃，或释放可燃气体造成火灾；高温还可使绝缘材料性能下降，或使塑料软化造成短路、电击；高温还可使带电元件、支承件或保护件变形，改变安全间隙，进而引发短路或电击。因此，产品在正常或故障条件下工作时，应当能够防止由于局部高温过热而造成人体烫伤，并能防止起火和触电。

(3) 防止机械伤害。家用电器中像电视机、电风扇等，儿童也可能直接操作。因此对整机的机械稳定性、操作结构件和易触及部件的结构要特殊处理，防止台架不稳或运动部件倾倒。防止外露结构部件边棱锋利，毛刺突出，直接伤人。还要能保证用户在正常使用中或作清洁维护时，不会受到刺伤和损害。例如产品外壳、上盖的提手边棱都要倒成圆角，电视机、收录机的拉杆天线顶端要安装一定尺寸的圆球。

(4) 防止有毒有害气体的危害。家用电器中所装配的元器件和原材料很复杂，有些元器件和原材料中含有毒性物质，它们在产品发生故障、发生爆炸或燃烧时可能挥发出来。常见的有毒有害气体有一氧化碳、二硫化碳及硫化氢等。因此，应该保证家用电器在正常工作和故障状态下，所释放出的有毒有害气体的剂量要在危险值以下。

(5) 防止辐射引起的危害。各种家用电器、电子设备、办公自动化设备、移动通信设备等电器装置只要处于操作使用状态，它的周围就会存在电磁辐射。到目前为止，关于电磁辐射对人体危害的研究历时较长，由于研究的目的、对象、方法等因素的不同，得出的研究结果不尽相同。多数学者带有共识性的观点认为：人体如果长期暴露在超过安全辐射剂量的环境中，人体细胞就会被大面积杀伤或杀死。高剂量辐射还会影响并破坏人体原有的生物电流和生物磁场，使人体内原有的电磁场发生异常。值得注意的是，不同的人或同一人在不同年龄阶段对电磁辐射的承受能力是不一样的，老人、儿童、孕妇属于对电磁辐射敏感的人群，而心脏、眼睛和生殖系统则属于人体对电磁辐射敏感的器官和系统。据资料介绍，长期处于高电磁辐射环境中，可能会对人体健康产生以下影响：对心脑血管系统的影响，表现为心悸、头疼、失眠，部分女性经期紊乱，心动性心率不齐，白细胞减少，免疫功能下降；对视觉系统的影响，表现为视力下降，引发白内障；对生殖系统的影响，表现为性功能降低，男子精子质量降低，使孕妇发生自然流产和胎儿畸形；会使血液、淋巴液和细胞原生质发生改变，影响人体的循环系统、免疫系统、生殖系统和代谢功能，严重的还会诱发癌症，并会加速人体癌细胞的增殖；装有心脏起搏器的病人处于高电磁辐射的环境中，会影响心脏起搏器的正常使用。值得我们注意的是，电磁辐射对人体的影响是缓慢和无形的，对身体的损害因积累而产生，因此它的危害不容易被人们所察觉。

4. 家用电器对环境的安全性能主要包括哪些方面?

(1) 防止火灾。全国各地，因电热毯、“热得快”、电热水器、电熨斗等家用电器引发的触电、火灾等类似事件时常发生，对消费者的生命、财产等造成了极大的威胁。因此，家用电器的阻燃性和防火设计十分重要。在产品正常或发生故障甚至短路时，要防止由于电弧或过热而使某些元器件或材料起火，如果某一元器件或材料起火，不应使其支承件、邻近元器件起火或整个机器起火，不应放出可燃物质，不应使火势蔓延到机外，危及消费者的生命财产安全。

(2) 防止爆炸危险。家用电器有时在大的短路电流冲激下可能会发生爆炸，还有的电器，比如电视机的显像管受冷热应力或机械冲击时也可能会产生爆炸。有关安全标准要求，电视机的最佳收看距离约为屏幕高度的4～8倍，万一显像管发生爆炸，碎片不能伤害到安全区内的观众。安全区是指正常收看位置以及离电视接收机更远的区域。

(3) 防止过量的噪音。洗衣机、空调器、电风扇、电脑主机等家用电器不可避免地会产生一定的噪音；不正常地使用电视机、录音机等家用电器也会产生噪声污染。同时开启几种家用电器，其汇集的噪声危害程度不亚于商业繁华区的噪声污染。长时间生活在这样的环境里，严重有损人们的健康，尤其对婴幼儿、老人和孕妇以及患有神经衰弱、心脏病、高血压、胃肠功能紊乱等疾病的患者危害更大。

(4) 防止废旧电池污染。手提电脑、手机等很多家用电器离不开电池，废旧电池的污染问题已经成为一个世界性的问题。电池的组成元素主要含有锌、碳、汞、硫、铜、铅、镉、镍等，这些元素大多都具有一定的毒性。比如，汞是一种毒性很强的重金属，它对人们的中枢神经破坏力很大。20世纪50年代发生在日本的震惊中外的水俣病就是由于汞污染造成的。镉在人体内会严重危害神经系统。铅也会引起人的神经衰弱、手足麻木、消化不良、腹部绞痛等中毒症状。电池在正常使用过程中，其组成物质被封存在电池壳内，所以不会对环境造成影响。但是，经过了长期机械磨损和腐蚀，一旦内部的重金属和酸碱溶液等泄露出来，进入人的食物链，被人食用，便会引发多种疾病。一节1号电池若被扔在土地里，就会使一平方米的土地永远失去利用价值。一枚小小的纽扣电池，若被扔进水里，可污染600吨水，相当于一个人一生的饮水量。

5. 制造商必须保证家用电器的哪些安全性能？

家用电器大都具有较高的科技含量，其安全性能必须由制造商给予充分的保证。制造商必须严格执行产品标准。由于家用电器是关系到消费者生命、财产安全的产品，产品的制造商必须严格执行国家安全标准，而且有必要制定高于国家标准的企业标准，以确保产品的安全性能。

我国参照国际电工委员会的安全标准，对各类家用电器均制定了相应的安全标准。如GB 4706系列标准，针对食物搅拌器、电水壶、电炒锅、自动电饭锅、真空吸尘器、电热毯、电炉、空气清新机、蒸汽消毒器、光波炉、电动按摩器、快热式电热水器、储水式电热水器、家用电冰箱、食品冷冻箱、电烤箱、面包烘烤器、皮肤及毛发护理器、电池驱动式电动剃须刀、电动机、压缩机、电池充电器、液体加热器、微波炉、室内加热器、洗衣机、洗碗机、抽油烟机、电磁炉、电风扇的调速器等家用和类似用途电器的安全，均制定了产品安全特殊要求标准。这一系列标准都是针对某一特定产品的特殊安全要求，结合一定时期内各个产品的具体情况，对通用安全标准中有关的章、条、款、项的内容进行补充、增加和更换后制定出来的。凡在特殊安全标准中未作补充、增加和替换的章、条、款、项，应该执行通用安全标准中相应的规定，即特殊安全要求必须与通用要求配合使用。家用电器产品的制造商必须严格执行这些标准。

家用电器产品的安全标准，是为了保证消费者人身安全和使用环境不受任何危害而制定的，是家用电器产品在设计、制造时必须遵照执行的标准文件。只有严格执行标准中的各项规定，才能使家用电器的安全得到可靠的保证。贯彻实施家用电器国家标准及国际标准，对提高产品质量及其安全性能将产生极大影响，这也是家电产品制造商寻求发展、开辟国际市场的必要前提。

6. 家用电器的安全使用主要应注意哪些方面?

家用电器大都是高科技产品，具有较高的可靠性和安全性。但是，消费者或者称为家用电器的使用者，也必须承担相应的安全使用的责任，掌握必要的使用方法和安全常识。一般应注意以下一些问题:

(1) 购买家用电器时，应购买国家认定的合格产品，不要购买“三无”的假冒伪劣产品。首先应认真查看产品说明书中的技术规格，如电源种类是交流还是直流，电源频率是否为一般的工业频率 50 Hz，电源电压是否为民用生活用电 220 V，然后看耗电功率是多少，家庭已有的供电能力是否满足。特别是插头、插座、保险丝、电度表和电线，如果负荷过大，超过允许限度，便会发热，损坏绝缘层，引发用电事故。

(2) 安装家用电器应查看产品说明书中对安装环境的要求。特别注意在可能的条件下，不要将家用电器安装在湿热、灰尘多或有易燃、易爆、腐蚀性气体的环境中。

(3) 在敷设电源线路时，火线、零线应标志明晰，并与家用电器接线保持一致，不得接错。家用电器与电源连接，必须采用可断开的开关或插接头，禁止将电线直接插入插座孔。凡要求有接地保护或接零保护的，都应采用三脚插头和三眼插座，并且接地、接零插脚和插孔都应与火线插脚和插孔有严格的区别。禁止用对称双脚插头和双眼插座代替三脚插头和三眼插座，以防接插错误，造成家用电器金属外壳带电，引发触电事故。

(4) 接地线、接零线虽然正常时不带电，出于安全考虑，其导线规格要求应不低于火线规格，其上不得安装开关或保险丝，也禁止随意将其接到自来水、暖气、煤气或其他管道上。

(5) 通电试用前应对照说明书，将所有开关、手柄置于原始停机位置，按说明书中要求的开停操作顺序操作。如果有运动部件，应事先考虑足够的运动空间。如果通电后出现异常现象，应立即停机，并切断电源进行检查。

(6) 在使用过程中，禁止用湿手去接触带电开关或家用电器的金属外壳，也不能用湿手更换电气元件或灯泡。对于经常拿在手中使用的家用电器，如电吹风等，切忌将电源线缠绕在手上使用。禁止用拖拉电线的办法来移动家用电器，需要搬动时应先切断电源。禁止用拖拉电线的方法拔插头。一般家用电器不要长时间(几个小时)连续使用(电冰箱除外)，特别是人体经常接触的电热器具，最好加装过热保护。在使用过程中，如发现有异常气味和异常噪音，应停止使用，切断电源进行检查。

(7) 家用电器使用完毕，要随手切断电源。紧急情况需要切断电线时，必须使用绝缘电工钳或带绝缘手柄的刃具。

(8) 家用电器禁止用铜丝代替保险丝，禁止用一般胶布或伤湿止痛膏代替电工胶布。

(9) 经常使用的家用电器，应保持其干燥和清洁。对供电线路和电气设备要定期进行绝缘检查，发现破损处要及时用电工胶布包紧。

(10) 家用电器的使用寿命也是值得注意的。各种家用电器的功能、使用环境和使用率不同，决定了它们的使用寿命各有差异。除设计、工艺和材料等因素外，使用寿命受实际使用环境的影响。恶劣的使用环境和不正确的操作，会影响家用电器的局部或整机使用寿命。如受潮、经常骤冷骤热、强烈震动等都会对家用电器的使用寿命产生影响。当一件家用电器接近使用寿命时，由于整体老化会不断出现故障，从安全和经济角度考虑，应尽早进行更新。

7. 怎样减小家用电器的电磁辐射对人体的危害?

重视电磁辐射可能对人体产生的危害，多了解有关电磁辐射的常识，学会防范措施，加强安全防范。不要把家用电器摆放得过于集中，或经常一起使用，以免使自己暴露在超剂量辐射的危害之中。特别是电视、电脑、电冰箱等电器更不宜集中摆放在卧室里。各种家用电器、办公设备、移动电话等都应尽量避免长时间使用。如需要较长时间使用电视、电脑等电器时，应注意至少每 1 小时离开一次，采用眺望远方或闭上眼睛的方式，减少眼睛的疲劳程度和所受辐射的影响。当电器暂停使用时，最好不要让它们处于待机状态，因为此时可产生较微弱的电磁场，长时间也会产生辐射的积累。对各种电器的使用，应保持一定的安全距离。如眼睛离电视荧光屏的距离，一般为荧光屏宽度的 5 倍左右；微波炉在开启之后要离其至少 1 米远，孕妇和小孩应尽量远离微波炉；在使用手机时，应尽量使头部与手机天线的距离远一些，最好使用分离耳机和话筒接听电话。如果长期置身于超剂量的电磁辐射环境中，还应注意采取配备电磁辐射屏蔽服、配戴防辐射眼镜等防护措施。并且可以通过多食用一些胡萝卜、豆芽、西红柿、油菜、海带、卷心菜、瘦肉、动物肝脏等富含维生素 A、维生素 C 和蛋白质食物的办法，调节人体电磁场的状态，提高肌体抵抗电磁辐射的能力。

8. 常用家用电器的安全使用要点有哪些？

(1) 电视机。应放置在阴凉通风处，不要让阳光直晒，防止碰撞，开机后不要用湿布或冷水滴接触荧光屏，以免显像管爆炸。湿度大的地区或在梅雨季节时要坚持每天开机以防受潮，不允许带电打开盖板检查或清扫灰尘，电压过高或过低时不要开机，雷电天气时应停止使用。

(2) 电风扇。必须具有接地或接零保护，电源采用三脚插头。摇头的风扇注意其周围的活动空间，不要碰墙，防止小孩将手指伸入风扇罩内。移动电风扇时不要碰压电线。定期进行绝缘检查，防止漏电。

(3) 电熨斗。必须具有接地或接零保护，电源采用三脚插头。使用时或用毕后不能立即放置在易燃物品上。用后应立即切断电源，严防高温引起火灾。不要用熨斗敲击其他物品，以防内部损伤。

(4) 洗衣机。必须具有接地或接零保护，电源采用三脚插头。不能用湿手去拔插头。脱水桶、洗衣桶、波轮、搅拌器等旋转部件运转时，禁止将手伸进桶内。使用时若发现电机卡住或出现异常声音、气味，应立即切断电源，停止使用。

(5) 吸尘器。使用时注意防止电缆的挂、拉、压、踩，以防绝缘层损坏。及时清除垃圾或灰尘，防止吸尘口堵塞而烧坏电机。禁止吸入易燃粉尘。未采用双重绝缘或安全电压保护的吸尘器，应设置接地、接零保护。电源开关应便于在紧急状况下切断电源。

(6) 电冰箱。应放置在干燥通风处，离墙至少 20 cm，并注意防止阳光直晒或靠近其他热源。必须采用接地或接零保护，电源采用三脚插头，电源线应远离压缩机热源，以免烧坏绝缘层，造成漏电。冰箱内不得存放酒精、轻质汽油及其他挥发性易燃物品，以免因电火花引起爆炸事故。

(7) 空调器。一般空调器消耗功率较大，使用前注意核查电源保险丝、电度表、电线是否有足够的余量。使用前一定取下进风罩，使进风口及毛细管畅通，以防内部冷媒不足导致压缩机烧毁。使用时制冷、制热开关不能立即转换，通、断开关也不得操作频繁，否则会增加压缩机的压力造成其过热。必须采用接地或接零保护。热态绝缘电阻不低于 2 MΩ

才能使用。

9. 常用家用电器怎样节能？

家用电器在现今居家生活中必不可少，其实用性、方便性备受人们青睐。科学合理地使用家用电器不仅可以延长其使用寿命，同时还可以节能。

合理地选择空调器可达到节能的效果。10 m^2 左右的普通房间，一般选择 1 匹的空调器即可，(10～20)m^2 可选择 1.5 匹或大 1.5 匹的空调器。夏天空调器的温度应调节在 26℃，出风口向上吹，房间里最好放一台电风扇或一盆冷水，这样可增加空气流通，保持空气新鲜度，相对来说也会省电。

除了空调器，电视机也有很好的节能方式。现在的电视机功能都比较多，比如图像模式中有标准模式、鲜艳模式、柔和模式，一般调到柔和模式的耗电量要小一些，最暗模式比最亮模式最少节能 30%～60%。此外，电视机的声音开得小，耗能也要少一些。

电冰箱也可以做到节能。把电冰箱放置在阴凉通风处，不能靠近热源，使用时，尽量减少开门次数和时间。电冰箱内的食物不要塞得太满，以便冷气对流。准备食用的冷冻食物，要提前放置在冷藏室里慢慢解冻。

10. 家用电器待机时是否耗电？

现在的家电大多有待机功能，因为没有拔掉电源插头，大多数家电产品在关机状态下也照样耗电，这种现象专业上叫“待机能耗”。随着家电、视听产品的技术更新换代以及网络化的发展，生产厂家开发了遥控开关、持续数字显示、网络唤醒、定时开关等各种待机功能。具有待机功能的电器有空调器、录音机、抽油烟机、音响、微波炉、洗衣机、手机充电器、电脑、电扇、打印机、电饭锅、消毒柜、电视机、录像机、传真机等。待机功能在为用户提供方便的同时，也造成了能源浪费。在电源开关未关闭的情况下，这些电器内部的红外线接收遥控电路处于待机状态。特别是有些电视机在关闭后，显像管仍处于灯丝预热待用状态，在待机状态下，照样有约 8 W 的功耗。电脑在睡眠状态下的耗电量虽只有正常使用时的一半以下，但仍会有约 5 W 的能耗。因此，减少电脑和显示器能源消耗的最好方法就是不用时及时关闭，拔掉插头。

11. 我国城市家庭仅待机能耗会浪费多少电？

我国城市家庭的平均待机能耗已经占到了家庭总能耗的 10%左右。一般家庭拥有的电视机、空调器、音响、电脑、饮水机、电热水机等，待机能耗加在一起，相当于开着的一盏 30 W 的长明灯。全国仅电视机每年因待机耗电就有 25 亿千瓦时。所以随手拔掉插头还是很有意义的。

12. 家用电器频繁开关有什么影响?

很多人在使用家用电器时为了省电都有一个习惯性的“毛病”，就是哪怕几分钟不用，也要先关掉电器，然后再开。其实家用电器频繁开关并不省电甚至更费电，而且会影响电器的使用寿命。

一般的家用电器，在开机的瞬间耗电量很大，此时通过电器的电流是正常工作时的 3～5 倍，这样就带来两个问题：一是增加了耗电量，二是容易产生故障，缩短家用电器的使用寿命。

13. 怎样判断家用电器的节能水平?

依据“中国能效标识”(如图 1 所示)来判断家用电器的节能水平。能效标识又称能源效率标识，是附在耗能产品或其最小包装物上的，它是一种表示产品能源效率等级这一性能指标的信息标签，目的是为用户和消费者的购买决策提供必要的信息，以引导和帮助消费者选择高能效节能产品。

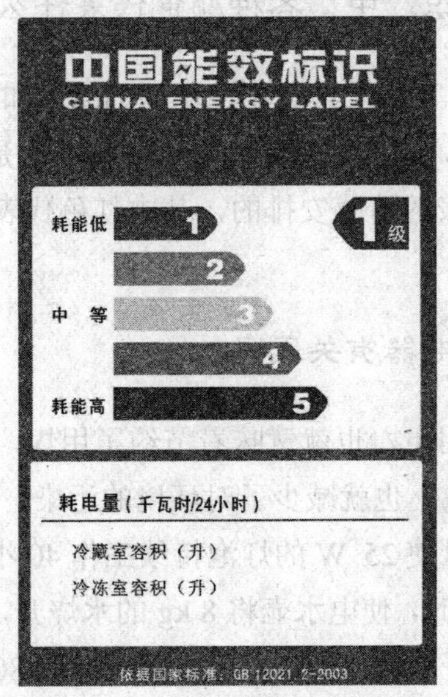

图 1 “中国能效标识”标签

自 2005 年 3 月 1 日起，我国生产、销售、进口的空调器和家用电冰箱均应在显著位置粘贴名称为“中国能效标识”的标签。“中国能效标识”的设立，为产品建立了明确的能源效率等级，使消费者能够很容易地判断产品的节能状况。

14. 我国能效等级共分几级?

目前我国的能效标识将能效分为五个等级。等级 1 表示产品能效已达到国际先进水平，能耗最低；等级 2 表示产品比较节电；等级 3 表示产品的能效为我国市场的平均水平；等级 4 表示产品的能效低于市场平均水平；等级 5 是产品市场准入指标，低于该等级要求的产品不允许生产和销售。不同能效等级的电冰箱和空调器的用电比较如下：

同样是 268 L 的家用电冰箱，能效为 1 级的要比 5 级的每天节电约 0.7 千瓦时，每年可以节电约 260 千瓦时，在电冰箱整个使用寿命期间可以节省约 1560 元(以电费每千瓦时 0.5 元、使用寿命 12 年计算)；同样是 1.5 匹的空调，1 级产品与 5 级产品相比，每年大约节约电费 200～300 元左右(以年制冷时间 500 小时计算)，而购买 1 级产品比 5 级产品需要多支付 700 元左右，这样，最多 3 年就可收回初期增加的成本，而在空调的 12 年使用寿命期间至少可节约电费 2000 元。

15. 在“中国能效标识”中，各种颜色代表什么?

在“中国能效标识”中，不同等级分别由不同的颜色和长度来表示。最短的是深绿色，代表“未来四年的节能方向”，也就是国际先进水平，其次是绿色、黄色、橙色和红色。等级指示色标是根据色彩所代表的情感安排的，其中红色代表禁止，橙色、黄色代表警告，绿色代表环保与节能。

16. “减排”和家用电器有关系吗?

有关系。家用电器节约用电，也就意味着节约了用煤，因为通常发电要烧煤。减少了用煤就可减少二氧化硫的排放，也就减少了对环境的污染。

节约 1 千瓦时的电，可以使 25 W 的灯泡持续工作 40 小时，使家用电冰箱运行 1 天，使一台普通电风扇运行 15 小时，使电水壶将 8 kg 的水烧开，使电视机连续播放 10 个小时，使一人用电热淋浴器洗一次舒服的澡，使电动自行车行驶 80 千米等。

从减少污染物排放的角度来看，节约 1 千瓦时的电可减少排放 0.272 kg 含碳粉尘、0.997 kg 二氧化碳、0.03 kg 二氧化硫、0.015 kg 氮氧化物等。此外，家用轿车、取暖设备、餐饮设备等的使用都会直接向大气中排放污染气体。由此看来，“减排”和家用电器关系密切。

17. 常用家用电器的安全使用年限是多少？

彩色电视机 8～10 年
电热水器 8 年
空调器 8～12 年
电熨斗 9 年
电子钟 8 年
电热毯 8 年
电饭锅 10 年
电冰箱 12～16 年
个人电脑 6 年
电风扇 10 年
燃气灶 8 年
洗衣机 8 年
电吹风 4 年
微波炉 10 年
电动剃须刀 4 年
吸尘器 8 年

18. 家用电器着火的诱因有哪些？

(1) 电线负载过大，急剧发热，绝缘层损坏，进而导致短路起火。
(2) 热负载的家用电器电源插头没有拔出，带电时间长了，温度升高，容易起火。
(3) 导线连接不良，接触不好，容易造成线间短路而发热起火。
(4) 电器设备有缺陷，没有及时修理，内部某些原件松动，通电时产生火花，引发火灾。

19. 怎样扑救家用电器发生的火灾？

扑救家用电器发生的火灾，首先应立刻切断电源。如果用拉闸方法切断电源，必须带上绝缘手套，人要离得远一些，避免切断电源时的电弧喷射烧伤脸部。用电工钳或干燥的木柄斧子切断电源时，应将电源的相线、地线一根一根分别切断，否则会引起短路，引发更大的灾难。扑救火灾时要关闭门窗，防止风吹助燃。要立即用干燥的棉被、棉衣盖住火苗。切不可用水和灭火器喷淋电器设备，因为高温电器突然遇水冷却会爆炸伤人。火扑灭后，必须及时打开门窗通气。

20. 模糊控制技术在家用电器中有哪些应用?

模糊控制是应用模糊集合论的一种控制理论，它是智能控制的一个分支。它把人脑处理模糊概念的思维特点用数学方式表达出来，通过计算机去处理这些模糊数据，即给予量化。模糊控制的洗衣机根据检测到的布质、布量，通过模糊推理确定洗衣水位和水流强度，根据检测到的洗涤液的混浊度，确定或修正洗涤时间。模糊控制的电饭锅通过测量室温、锅底温度与其变化率，在判断炊饭量的基础上确定加热功率。模糊控制的风冷电冰箱能根据食品的热容量控制压缩机和风机的运行以及智能除霜的开启。模糊控制的变频空调器能根据室内外温差以及室内温度变化率，确定压缩机的转速和电热器的功率，实现最佳制冷或制热工况。其他如微波炉、吸尘器、洗碗机、燃气热水器等家用电器都可应用模糊控制技术。

二、家用照明器具篇

1. 什么是光?

光是以电磁波的形式传播的。光源是能被人们的眼睛所感受到的电磁波，其波长范围为 380～780 nm(1 nm = 10^{-9} m)，波长长于 780 nm 的为红外线、无线电等，短于 380 nm 的为紫外线、X 射线、宇宙射线等。可见光部分又可分解为红光、橙光、黄光、绿光、青光、蓝光、紫光等七种基本单色光。

光和其他所有的电磁辐射一样，在真空中以 30 万千米每秒的速度沿直线传播。当光通过某种物质如水或空气时，其传播速度会减慢。光在真空中的速度和在媒质中的速度比值称为该媒质的折射率，在折射率不同的两种媒质的界面上，入射光线产生折射与反射现象。另外，光在传播过程中还会产生散射、漫反射、漫透射现象等。

2. 光的度量单位是什么?

(1) 光通量。光源单位时间内发出的光量称为光通量，符号为Φ，单位为流明(lm)。

(2) 发光强度。光源在给定方向的单位立体角中发射的光通量被定义为光源在该方向的发光强度，符号为 I，单位为坎德拉(cd)。光强度的单位是光度测定的基本单位 。

(3) 照度，也叫亮度。光源在某一方向上的单位投影面在单位立体角中发射的光通量数，符号为 E，$E = \mathrm{d}\Phi/\mathrm{d}S$，单位为勒克斯(lx)。

(4) 发光效率。指一个光源所发出来的光通量与该光源所消耗的电功率之比。

3. 灯具的功能是什么?

灯具的基本功能是提供与光源的电气连接，此外还有许多其他重要的功能。大部分光源全方位地发射光线，这对大多数应用来说是浪费的并由此造成眩光。因此，对大多数灯具而言，调整光线到预期方位，同时把光损失降至最低，减少光源的眩光，拥有令人满意的外形及良好的环境装饰性是它们的基本功能。灯具必须是耐用的，且能为光源(如有必要，有时也为控制电气附件)提供一个电气、机械及热学意义上的安全的壳体。

(1) 光源的防护。光源除需要电气连接以外，还必须有机械支撑并要受到防护，防护程度视要求而定。

(2) 适宜的机械性能。灯具部件必须有足够强的机械强度，从而确保在安装和使用时有适当的耐久性，同时还要有很强的悬挂强度，金属部件必须有足够的耐腐蚀能力。

(3) 壳体要求。室外用灯必须有严格的防尘和防水要求，而对某些特殊要求的室内灯具也要提供防护，以抵御水和尘埃的侵入。

4. 灯具的种类有哪些?

(1) 按安装方式，分为嵌入式、移动式和固定式三种。

(2) 按用途方式，分为民用灯具、建筑灯具、工矿灯具、投光照明灯具、公共场所灯具、船用荧光灯照明灯具、道路照明灯具、汽车/摩托车/飞机照明灯具、特种车辆标志照明灯具、电影/电视/舞台照明灯具、防爆灯具、水下照明灯具等。

(3) 按光源性质，分为热辐射光源灯、气体放电光源灯、激光器光源灯和半导体光源灯等。

5. 灯具的选择应考虑哪些因素?

(1) 配光要求。包括灯具表面亮度、显色性能、眩光度。

(2) 环境条件。使用环境对防护的要求。

(3) 协调性。灯具的外形是否与建筑物和室内装饰协调。

(4) 经济性。包括灯具效率、电功率消耗、投资运作费、节能效果等。

6. 什么是电子节能灯?

电子节能灯又称为省电灯泡、电子灯泡、紧凑型荧光灯及一体式荧光灯，是指将荧光灯与镇流器组合成一个整体的照明设备。节能灯的尺寸与白炽灯相近，与灯座的接口也和白炽灯相同，所以可以直接替换白炽灯。其外形如图 2 所示。

图 2　电子节能灯

电子节能灯在达到同样光能输出的前提下，只需耗费普通白炽灯用电量的 1/5 至 1/4，从而可以节约大量的照明电能和费用，因此被称为节能灯。

7. 电子节能灯有什么优点？

(1) 结构紧凑、体积小。

(2) 发光效率高，达 60 lm/W，省电 70%～80%，节省能源。

(3) 可直接取代白炽灯泡。

(4) 寿命较长，是白炽灯的 8～10 倍。

电子节能灯的特点是功率小且照度高。一般钨丝灯所消耗的能源 90%都会变成热能，只有 10%转化为光能，而使用节能灯，既可使屋内光线充足，又可节省电能，并比普通灯泡耐用。以 8 W 的优质节能灯为例，其测定寿命为 5000 小时，而具有同样照明效果的 40 W 白炽灯，使用寿命为 1000 小时。如果将一个 40 W 的白炽灯换成 8 W 的电子节能灯，单灯日照按 6 小时算，每年可节电 70 千瓦时。

8. 选购电子节能灯具应该注意哪些事项？

随着照明灯具技术的不断发展以及国家对节能和环保要求的不断提高，越来越多的照明场合开始采用节能照明灯具，那么在实际应用过程中应该怎样选择电子节能灯，选购电子节能灯具应该注意哪些事项？具体如下：

(1) 在选购灯具时首先应注意灯具外观与家中装饰格调是否相符。

(2) 注意灯具的品牌、制作工艺及质量，不要忘记向商家索要质量报告和 3C 认证报告。

(3) 在选购灯具的同时还要注意电光源的选购，应注意的是光源包装及外部特征、光源内外部结构、进口光源汞丸位置等。

(4) 住宅照明宜选用以白炽灯、稀土节能荧光灯为主的照明光源。

(5) 卧室和餐厅宜采用低色温的光源。

(6) 起居室的照明宜考虑多功能使用的要求，如设置一般照明、装饰照明、落地灯等，有时可在起居室设置调光装置，以满足不同功能的需要。

(7) 餐厅局部照明要采用悬挂式灯具，以突出餐桌的效果为目的，同时还要设置一般照明，使整个房间有一定程度的明亮度，具有清洁感。

(8) 厨房的灯具应选用易于清洁的类型，如玻璃或搪瓷制品灯罩配以防潮灯口，并宜与餐厅用的照明光源显色性相一致或近似。

(9) 门厅是进入室内给人最初印象的地方，因此要明亮，灯具的位置要考虑安置在进门处和深入室内的交界处，这样可避免来访者脸上出现阴影。

(10) 在门厅内的柜上或墙上设灯，可使门厅显得宽敞。

(11) 走廊内的照明应安置在房间的出入口，特别是楼梯的起步位置和转弯位置。设置吊灯时要使照明灯具下端距地面 1.9 m 以上。楼梯照明要明亮，避免发生危险。

(12) 卫生间需要明亮柔和的光线，因为卫生间内照明电器开关频繁，所以选用白炽灯作光源较适宜。

(13) 高级住宅中的方厅、通道和卫生间等，宜采用带有指示灯的跷板式开关。

(14) 很多消费者选购节能灯都以经常使用的钨丝灯泡功率作参考。大部分厂商会在包装上列出产品本身的功率及对照相类似亮度的钨丝灯泡功率。举例说，包装上有“15W→75W”的标志，一般指灯的实际功率为 15 W，表示可发出与一个 75W 钨丝灯泡相类似的亮度。

(15) 部分节能灯型号有白光和黄光两种灯光颜色供选择。一般人心理上觉得白光较冷，黄光较温暖。用户可按个人喜好，选择与家居陈设配合的灯光颜色。

(16) 在选购节能灯时，还要考虑电子镇流器的技术参数，如谐波含量、功率因数、是否装有滤波器件等指标。特别是一些大面积、大批量使用节能灯的场合，一定要选用低谐波、高功率因数、带有滤波器件的节能灯，并尽量多分装一些电源开关，避免由于大批节能灯同时开关，受电网高压脉冲的冲激，而造成损坏。

(17) 整灯的塑料壳，应选择耐高温且阻燃的塑料壳。

(18) 注意观察灯管在通电后是否有因荧光粉涂层厚薄不均匀而影响灯光正常照明的现象。

9. 怎样选择照明功率？

首先，要考虑居室空间和照明效果的关系。柔和、清亮的灯光，有赖于灯罩与灯泡的配合。灯泡光亮度的强弱，会影响人的视觉效果、视力保护和身心健康。

其次要考虑居室空间与照明光亮度的关系。灯泡功率过大浪费电能，易发热，有可能引发各类事故；但选择功率过小，又达不到较佳的照明效果。可参照以下标准：(15～18)m^2，照明用灯光应为 (60～80)W；(30～40)m^2，应为 (100～150)W；(40～50)m^2，应为 (220～280)W；(60～70)m^2 应为 (300～350)W；(75～80)m^2，应为 (400～450)W。

通常卫生间的照明每平方米 2 W 就可以了；餐厅和厨房每平方米 4 W 足够了，而书房和客厅要大些，每平方米需 8 W；在写字台和床头柜上的台灯可用 (15～60)W 的灯泡，最好不要超过 60 W。

10. 什么是LED照明?

LED(Lighting Emitting Diode)照明即发光二极管照明。LED 是一种半导体固态发光器件。它利用固体半导体芯片作为发光材料，在半导体中通过载流子发生复合放出过剩的能量而引起光子发射，直接发出各种光线。LED 照明产品就是利用了 LED 作为光源制造出来的照明器具。

在当前全球能源短缺的背景下，节约能源是我们面临的重要问题。在照明领域，LED 发光产品的应用正吸引着世人的目光。LED 作为一种新型的绿色光源产品，必然是未来发展的趋势，21 世纪将进入以 LED 为代表的新型照明光源的时代。

LED 球泡灯和日光灯分别如图 3 和图 4 所示。

图 3　LED 球泡灯

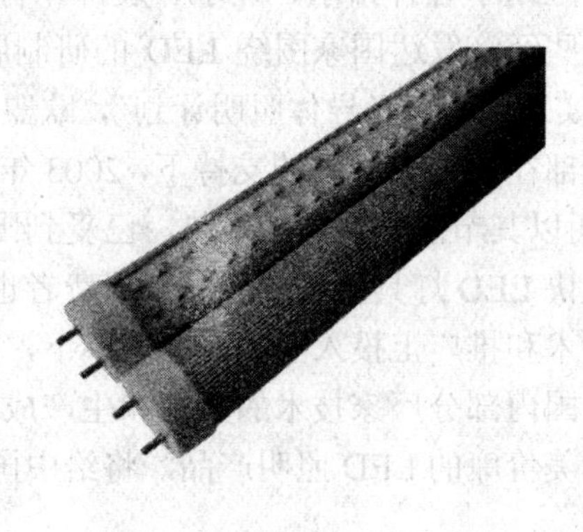

图 4　LED 日光灯

11. LED照明有哪些优点?

(1) 发光效率高。一个 2 W 的 LED 灯相当于一个 15 W 的普通白炽灯灯泡的照明效果。

(2) 寿命长。LED 灯寿命最长可达 100 000 小时。

(3) 故障少。LED 是半导体元件，与白炽灯和电子节能灯相比，没有真空器件和高压触发电路等敏感部件，故障率极低，可以免维修。

(4) 响应时间短。只有 60 ns，启动十分迅速。

(5) 体积小、重量轻。可设计又薄、又轻、又紧凑的各种式样的灯具。

(6) LED 色彩鲜艳丰富。不同色光的组合变化多端，利用时序控制电路，能达到丰富多彩的动态变化效果。

(7) 单色性好。LED 光谱集中，没有多余的红外、紫外等光谱，不含汞等有害物质，热量、辐射很少，属于典型的绿色照明光源，而且废弃物可回收，没有污染。

(8) 单个 LED 的光通量小。目前单个 LED 的光通量研究水平可达 120 lm/W，工业化的产品水平为 75 lm/W。

(9) 平面发光，方向性强。它与点光源白炽灯不同，视角度不大于 180°，设计时一定要注意利用 LED 光源有不同的视角度和视角度不大于 180° 的特点。

(10) 控制极为方便。只要调整电流，就可以随意调光，使灯光更加清晰柔和，让人感觉更加舒服。

12. LED 照明的发展趋势怎样?

LED 被称为第四代照明光源或绿色光源，具有节能、环保、寿命长、体积小等特点，可以广泛应用于各种指示、显示、装饰、背光源、普通照明和城市夜景等领域。近年来，世界上一些经济发达国家围绕 LED 的研制展开了激烈的技术竞赛。美国从 2000 年起投资 5 亿美元实施“国家半导体照明计划”，欧盟也在 2000 年 7 月宣布启动类似的“彩虹计划”。我国科技部在“863”计划的支持下，2003 年 6 月份首次提出发展半导体照明计划。多年来，LED 照明以其节能、环保的优势，已受到国家和各级政府的重视，各地纷纷出台相关政策和举措加快 LED 灯具的发展；大众消费者也对这种新型环保的照明产品期盼已久。但是，由于在技术和推广上投入的成本居高不下，LED 照明产品一直可望而不可及。

随着国内部分厂家技术的提高和生产成本的降低，LED 照明叫好而不叫座的局面行将改变。物美价廉的 LED 照明产品，将给中国照明行业带来革命性的冲击，为广大消费者带来实惠。

13. LED 照明适用哪些范围?

LED 是一种能够将电能转化为可见光的半导体。它改变了白炽灯钨丝发光与节能灯三基色粉发光的原理，采用电场发光，属于固体发光产品。

LED 传统的芯片基本都是 5 mm 小尺寸，单颗功率在最大电流时为 0.06 W，这两年开始大量推出单颗 1 W、3 W、5 W，甚至更大功率的产品。

LED 光源从用途上来说可以分为两个大类：一类是指示性光源，比如交通信号灯，汽车尾灯；另一类是照明光源，这一类产品基本可以说是 2006 年才从实验室走进现实生活中的，属于比较新型的照明产品，包括最初的 $\phi 5$ 小功率到目前大家广泛使用的大功率、超大功率产品。

LED 广泛应用于楼体亮化、电子显示屏、汽车尾灯、建筑物轮廓、交通信号灯、太阳能路灯、太阳能庭院灯和其他公共场所。

LED 照明灯具中，底灯、吊灯、投射灯等具有装饰、反射用途的 LED 照明灯具可以完全胜任于任何场合，包括美术馆，博物馆等对色度要求较高的场所。但是对于商场、写字楼等大规模设施来说，大范围照明的 LED 灯具虽然已经诞生，但是其指向性(LED 芯片发出的光是直线，发散性不好)太高，造成大面积平均照度的设计困难。灯管型 LED 照明灯具排列过密，设计成本过高。因此，现阶段在装饰用途场合，LED 照明灯具完全可用，但在大面积室内照明方面，其技术还不太成熟。

14. 高频护眼灯有电磁辐射吗？

高频护眼灯为了克服 50 Hz 荧光灯的频闪而采用 40 Hz～5.5 kHz 的频率，不可避免地就会带来高频电源的电磁辐射。环保专家指出，过量的电磁辐射可能造成心悸、失眠、白细胞减少、记忆力减退，甚至造成免疫功能降低、心血管系统与神经系统受损。

15. 儿童学习时理想的照明是怎样的？

儿童在过强或过暗灯光下看书，对眼睛都是不好的。理想的照明应是：

(1) 台灯位置。儿童阅读写字时，台灯要在书桌的左前方，以免右手挡住光线。

(2) 台灯式样。台灯式样最好选用光线不直接照射儿童眼睛，并且固定不动的。

(3) 台灯亮度。台灯可使用 40 W 的灯泡(5 W LED 球泡灯)或 20 W 的日光灯，以达到 400～700 lx 的照明度。

(4) 减少明暗差。在儿童学习时不仅要开台灯，还要打开房间的灯，这样可以减少明暗差对眼睛的不良影响。

(5) 吊灯的方位与亮度。我们所居住的房间的灯，大多数都吊在天花板上，日常生活所需照明可用 40 W 日光灯(12 W LED 日光灯)或 60 W 灯泡(12 W LED 球泡灯)，如果能使书桌的左前方有足够的光线，不用台灯也是可以的。

(6) 灯泡要及时更新。台灯及房间的灯要经常保持清洁，灯泡用得时间过久或发生闪烁、亮度降低时，必须及时更换，以保证足够的照度。

三、家用电热器具篇

1. 电饭锅有哪些用途?

电饭锅是一种能够进行蒸、煮、炖、煨、焖等多种烹饪加工的现代化炊具。电饭锅不但能够把食物做熟，而且能够保温，使用起来清洁卫生，没有污染，省时省力，是家务劳动现代化不可缺少的电器之一。其外形如图 5 所示。

图 5　电饭锅

2. 目前市场上的电饭锅有哪几种类型?

常见的电饭锅分为自动保温式、定时保温式以及新型的微电脑控制式三类。

3. 电饭锅的规格是怎样划分的? 目前市场上的电饭锅有哪些规格?

电饭锅的规格一般是以额定功率来划分的，每一种规格对应于一定的容量。常用电饭锅的规格如表 1 所示。

表 1　常用电饭锅的规格

额定功率/W	额定煮饭量/g	可供用餐人数/人
350(≤400)	600	1～3
450(≤500)	1000	2～4
550(≤600)	1200	3～6
650(≤700)	1400	5～8
750(≤800)	1600	7～10
950(≤1000)	1800	8～12
1250(≤1500)	2500	10～14
1550(≤2000)	3000	12～16

4. 什么是压力电饭锅，它有什么特点？

利用电能加热和控制的压力锅称为压力电饭锅。压力电饭锅的特点是：使用起来比其他热源的压力锅操作要简单，容易控制，还具有很好的消毒作用，节省时间、能源。

5. 怎样选购电饭锅？

(1) 选购电饭锅的规格时应考虑家庭人数，并留有一定的余量。

(2) 性能方面要着重检查内锅与电热盘接触是否良好，通电发热是否正常，此外还要检查功能开关、轻触式按钮是否正常。旋动调节器和定时器操作应自如方便，加热和保温指示灯正常亮灭，定时器倒计时完成后能自动关机等。电源线和电源插头绝缘要良好、无氧化锈蚀等。

(3) 注意内胆。同等价位的电饭锅要选择重一些的。因为电饭锅是在高温情况下工作的，如果内胆比较薄，导热方面就会不均匀，使用多次的话米饭有可能糊锅；长时间使用的话，薄一些的内胆会变形。另外，尽量选择氧化涂层内胆，而不要选择喷涂涂层，因为氧化上去的涂层不容易脱落，更加健康。

6. 怎样使用电饭锅？

(1) 用电饭锅做食物时，把内胆放入外壳后要左右转动几次，使内胆与电热盘紧密接触。

(2) 内胆与电热盘表面要保持干净以免接触不良。

(3) 只有在煮饭时才会自动跳闸，如果炖其他食物，要煮到水干时才会自动断电。所以应掌握火候，适时拔掉电源插头。

(4) 电饭锅的内胆是铝制品，应避免碰撞变形。如果内胆和电热盘接触不吻合，可能会烧毁电热盘和控温器。内胆变形要更换，不可用普通铝锅代替使用。

(5) 用电饭锅不要煮酸、碱类或太咸的食物，也不宜把它放在潮湿处以防锈蚀。用电饭锅煲汤、炖肉，应有人在场，防止汁水外溢，流入电器内，损坏电热元件。

(6) 要先放电饭锅的内胆，再插电源插头。取内胆时也应先将电源插头拔掉，以免触电。

(7) 电饭锅的内胆可以用水清洗，但是它的外壳、电热盘和开关等都不能湿洗，可用干布擦净。

(8) 不要将电饭锅的电源插头插接台灯头，因为台灯的插座电线较细、载流量小，而电饭锅的用电功率大，电流通过量也较大，会使灯线发热，造成触电、起火等事故。所以电饭锅应有单独的插头，并配用相应规格的保险丝。电饭锅不宜靠近其他家用电器使用，更不宜与其他家用电器放在一起使用。因为电饭锅加热后，喷出的水蒸气会使电视机、录音机等电子元件的绝缘性能下降，使电风扇网罩等金属部件的电镀层生锈，严重时还会造成电器短路。

7. 如果电饭锅出现了故障，应该如何解决？

通常，电饭锅使用二年以上，其电源接头处的金属易产生氧化或是接触部件松动。这样，插头、插座连接处容易打火或发热，最终可能导致烧坏电饭锅。解决的方法是：电饭锅使用之前检查一下电源插头、插座是否出现氧化层、松动等。如有这些现象，一般用小刀刮一刮，或用砂纸擦一擦，均能起到保养作用；松动之处涂上“502”胶水或硅橡胶来进行修复。

平时煮饭时不小心溢水，或天气变化引起插座胶木受潮，或插拔过勤产生跳火，使得胶木座逐渐烧焦，从而导致胶木绝缘层电阻变小。这些情况只要平时稍加留心均可防止发生。

有时，因为没有把电饭锅内胆放平，使得内胆与发热盘悬空，导致发热盘无法传热而烧坏。这种情况只要平时将内胆放进时注意转动一下，即可避免。

另外，有时出现饭煮熟后不断电的情况。这种情况是由于电饭锅磁控开关中的弹簧失去了弹性，导致电饭锅达到103℃时热敏磁块失磁后，不能迅速切断电源。解决的方法是：设法使弹簧恢复弹性或更换新弹簧。

8. 使用电饭锅时应注意什么？

(1) 产品的额定电压应与使用电压一致。

(2) 内胆用完后应及时清洗，清洗时切勿用尖硬物件刮铲内胆底部。洗完后应将内胆外表面的水擦掉再放回壳体。

(3) 外壳与电热盘切忌进水，如不慎进水，应停止使用，等完全干燥后再继续使用。

(4) 接通电源后，不可取出内胆，否则有烧毁电热盘的危险。

(5) 如出现故障，不要随意拆卸，应请有关专业人员修理。

9. 怎样使用电饭锅比较省电？

一般来讲为了节电，做饭时要充分利用电饭锅的余热。在煮饭时，可在锅沸腾后断电 7～8 分钟，再重新通电。电烤箱也是同样的道理，在用电烤箱烤花生米等食物时，可提前断电 5～6 分钟后再开箱取出。

另外，电饭锅的电热盘表面与内胆底如有污渍，应擦拭干净或用细砂纸轻轻打磨干净，以免影响传热效率，浪费电能。一般来说，电饭锅最好用定热式电饭锅，因为它比保温式电饭锅耗电少。

做饭用功率小的电饭锅并不省电：煮 1 千克的饭，500 瓦的电饭锅需 30 分钟，耗电 0.27 千瓦时，而用 700 瓦电饭锅约需 20 分钟，耗电仅 0.23 千瓦时，即功率大的电饭锅，省时又省电。专家提醒，在电饭锅用完后，一定要拔下电源插头，不然锅内温度下降到 70℃以下时，它会断断续续地自动通电，比较费电。

10. 电饭锅通电后有漏电现象应怎么办？

(1) 检查电源线。用电笔测得接地极带电，拔出插头找出漏电原因。如是线焊错，应重新焊接；如发现搭线，应分开固定牢靠。修理后再测接地极，不带电即可。

(2) 检查开关体。打开电饭锅底盖板，断开连接发热盘、保温器的电线接头，寻找漏电原因。发现有潮湿现象，可用干燥毛巾擦去水珠，再用电吹风吹、阳光晒等方法去除潮气，排除潮湿导电；各接点间若有污物或金属等杂物要去除干净，有烧焦或断裂等损伤要更换，以达到绝缘性能要求，经测试合格后照原样装好。

(3) 检查保温器。松开保温器固定螺丝，将保温器悬空，用电笔测量保温器上应不带电。如发现带电，要找出原因。如有潮湿现象，应将其干燥。另外，将固定用的螺母拆下，检查绝缘磁管、磁环是否损伤、破裂。检查完好后进行复原装配，注意按原顺序装配。

(4) 检查电热盘。如发现电热盘外表带电，先查电热管封口处是否潮湿、封口有否损坏，如有损坏，要进行干燥处理，将封口重新封好。然后检查电热管引出棒是否与金属管搭牢或者两者间是否有金属物。如有，则用工具将引出棒拨到正中，把金属物去掉。最后检查电源连接螺钉是否过长而碰到金属管。如螺钉过长，应改短。电热盘经过以上检查如仍有漏电现象，则是电热管内电热丝与金属管相碰，应更换电热盘。经过以上检查并修好后，最后装配底盖板时要注意避免电源线与底盖板碰线。

11. 电炒锅的种类有哪些？各有什么特点？

随着生活节奏的加快，电炒锅越来越多地出现在都市人的厨房中。它既可以用来炒菜，亦可进行煎、炸操作，煲汤、炖肉的效果也不错，虽然比明火炒菜少了一些乐趣，但方便、清洁及可以自由调节温度等诸多优点仍使其大有取代传统炒锅之势。其外形如图 6 所示。家庭电炒锅的规格有 600 W、700 W、900 W、1000 W、1200 W 等几种，分为自动型和普通型两种。

图 6　电炒锅

目前，市面上的电炒锅大致可分为以下三类：

(1) 电炉式。这种电炒锅的炉体似普通的电炉，但它与锅底接触的部分制作成了凹面，电炉丝直接镶嵌于炉体的凹槽之中，炉体上面的锅既可以使用普通的锅也可以使用铝锅。这种电炒锅由于电炉丝直接暴露在外面，因此当炉丝与锅体相碰时，炒锅易带电，安全性能不好。此外，这种炉体的电炒锅热量容易散失，效率也低。但它的结构简单、价格便宜。

(2) 连体式。锅与炉体是一个不能分开的整体，这种电炒锅的热效率较电炉式有所改善。但是由于这种电炒锅用材与结构上的原因，安全性能仍不是很好，而且洗涤时必须十分小心，不能将水弄至炉体里面，炉体也不能受较强的震动。否则，将损坏炉体的绝缘层和加热器。这种电炒锅的价格也比较便宜。

(3) 分体式。电炒锅与炉体可以分离，炉体的加热部件直接浇铸于铝合金之中，炉体的面与炒锅底面完全吻合。这种锅常有不锈钢和精铸铝合金两种。这种电炒锅安全、可靠，完全避免了上述两种电炒锅的不足，只是价格略贵一些。

12. 怎样选购电炒锅？

电炒锅可以蒸馒头以及炖煮和保温，在冬天可作电火锅使用，可根据不同要求进行调节，它使用方便、清洁卫生、经济实惠。一般来说，电炒锅的功率为 800 W 左右，通常分为自动式和普通式两种。自动式电炒锅带有自动恒温装置(有的还设有定时装置)，可根据需要任意选择温度和时间。普通式电炒锅没有恒温和定时装置，火候要靠人工掌握，使用不方便，容易烧焦食物。选购时要注意以下几点：

(1) 家庭人口少，不经常煎炒食物，可选择功率为 600 W 左右的电炒锅。人口较多，不喜欢煎炒食物，选择功率为 800 W 左右，并带有自动温度控制装置的电炒锅为宜。

(2) 检查发热器安装或焊接是否连接紧固和接触良好，通电发热是否均匀。

(3) 电气绝缘性能良好，确保无漏电现象。

(4) 自动恒温装置、转换开关、定时器等各类开关旋钮的位置要正确、操作灵活、通电正常、标示清楚。

(5) 锅体表面平滑，无凹凸、划痕等。

(6) 外形美观大方，漆层涂色均匀光亮。锅盖与锅体部分吻合良好，锅把手和锅体等无锋边利角、手感良好、便于移动和清洗。

13. 使用电炒锅时应注意什么？

(1) 使用电炒锅时要掌握好火候，火候一到应立即切断电源，以防温度过高烧坏发热元件或锅体。自动电炒锅应根据火候将温度调节钮旋到适当位置。

(2) 使用电炒锅时不能用湿手操作，更不能一只手拿金属把柄的锅铲炒菜，另一只手去开水龙头，以防电炒锅漏电而造成触电事故。

(3) 锅内有污迹时，不能用金属锅铲处理，以免损伤含氟树脂层。正确的做法是：用木质工具去铲或用干布擦净。洗涮电炒锅时，严禁将锅的整体及电热插销全部浸入水中洗涤，这样水会浸入内部，引起受潮而导致绝缘不良，易发生触电事故。

(4) 使用完毕，应及时拔下电源插头。自动电炒锅上的电热插销是精致的温控装置，要轻合轻放，严防磕碰、震动。同时要将旋钮旋到“停止”位置。电炒锅要放在干燥处，以免影响电气元件的绝缘性能。

14. 家用电烤箱的种类有哪些？

市面上的电烤箱种类较多，一般家用的有普通简易型、自动控制型、温度可调型、远红外型等，式样也很多。喜欢经常食用烘烤食物的家庭要选用档次较高、功能较全的产品，如自动控制型、温度可调型、远红外型等，因其功能多，烘烤效果好，但缺点是价格较贵。一般要求不高且不常用电烤箱的家庭，选择普通简易型就可以了。电烤箱的外形如图 7 所示。

图 7　电烤箱

家用电烤箱的功率一般为(500～2000)W，其功率大小是根据箱体容积而设计的，家用应选1000 W以上的规格，因为高功率电烤箱升温快、热损少，耗电相对节省些。家用电烤箱的功能一般有调温、定时、变换功率挡等。选购时，应尽量购买功能较多和方便实用的产品。

15. 怎样挑选家用电烤箱?

挑选家用电烤箱时，主要应注意以下几点：

(1) 检查其外表。箱体漆层、结合应精致良好，外表应无划痕、磕伤等，各功能旋钮的操作应灵活自如。

(2) 通电检查各项功能，如定时、温度自动控制等与说明书是否吻合。

(3) 安全性能。外壳应无漏电麻手现象，箱内电热元件应接触牢固，电源插头线无破损等。最后检查附件，如烘烤盘、烘烤架、烤叉等是否齐全、完好。

16. 使用电烤箱时应注意什么?

(1) 第一次使用电烤箱时要注意先用干净湿布将烤箱内外擦拭一遍，除去一些尘埃。然后可以空炉使用高温烤一阵子，有时候可能会冒出白烟，这属于正常现象。烤完后要注意通风散热。等待冷却后可以再用清水擦洗一遍炉内壁。

(2) 清洁过后就可以正常使用电烤箱了。在烘烤任何食物前，烤箱都需先预热至指定温度，才能符合食谱上的烘烤时间。烤箱预热约需10分钟，若烤箱预热时空烤太久，也有可能影响烤箱的使用寿命。

(3) 正在加热中的烤箱除了内部温度很高外，外壳以及玻璃门也很烫，所以在开启或关闭烤箱门时要小心，以免被玻璃门烫伤。将烤盘放入烤箱或从烤箱取出时，一定要使用手柄，严禁用手直接接触烤盘或烤制的食物，切勿使手触碰加热器或炉腔其他部位，以免烫伤。

(4) 烤箱在开始使用时，应先将温度、上火、下火调整好，然后顺时针拧动时间旋钮(千万不要逆时针拧动)，此时电源指示灯亮，证明烤箱在工作状态。在使用过程中，假如我们设定30分钟烤食物，但是通过观察，20分钟食物就烤好了，那么这个时候我们不要逆时针拧时间旋钮，而应把三个旋钮中间的火位挡，调整到关闭就可以了，这样可以延长机器的使用寿命。这与微波炉的用法是不同的，微波炉可以逆时针旋时间旋钮。

(5) 电烤箱每次使用完毕待其冷却后应进行清洁工作。应该注意的是，在清洁箱门、炉腔外壳时应用干布擦，切忌用水清洗。如遇较难清除的污垢，可用洗洁精轻轻擦掉。电烤箱的其他附件如烤盘、烤网等可以用水清洗。

(6) 烤箱一定要摆放在通风的地方，不要太靠墙，便于散热。而且烤箱最好不要放在靠近水源的地方，因为烤箱工作的时候整体温度都很高，如果碰到水的话会造成过大的温差变化。

(7) 烤箱长时间工作时，我们不要长时间停留在烤箱前面。如果烤箱的玻璃门出现裂痕，应立刻停止使用。

17. 什么是微波炉？

顾名思义，微波炉(Microwave Oven/Microwave)就是用微波来煮饭烧菜的。微波是一种电磁波，微波炉是一种用微波加热食品的现代化烹调器具。其外形如图 8 所示。

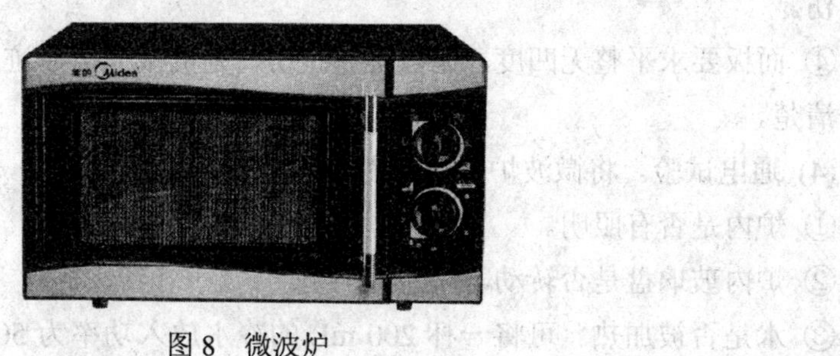

图 8　微波炉

18. 微波炉是怎样加热食物的？

微波炉由电源、磁控管、控制电路和烹调腔等部分组成。电源向磁控管提供大约 4000 V 的高压，磁控管在电源激励下，连续产生微波，再经过波导系统，耦合到烹调腔内。在烹调腔的进口处附近，有一个可旋转的搅拌器，因为搅拌器是风扇状的金属，旋转起来以后可以将微波向各个方向反射，所以能够把微波能量均匀地分布在烹调腔内。

微波加热的原理简单来说是：食品中都含有一定量的水分，当微波辐射到食品上时，微波使相邻分子间相互作用，产生了类似摩擦的现象，使水温升高，因此，食品的温度也就上升了。微波通过 24.5 亿次每秒的频率，深入食物 5 cm 处加速分子运转而进行加热。用微波加热的食品，因其内部也同时被加热，所以整体受热均匀，升温速度也很快。

19. 如何选购微波炉？

(1) 品牌。应选购经国家安全认证的微波炉。

(2) 注意样式、容量。微波炉的种类很多，输出功率有 500 W、600 W、800 W、1000 W、1250 W 等多种，容量也有 17 L、20 L、23 L、25 L 或 0.6 ft^3、0.7 ft^3、0.9 ft^3、1.0 ft^3 (1 ft^3 = 0.3048 m^3)

等不同的规格。选购时既要考虑家庭的经济能力和人口数量，也要考虑家庭电路和电表的负荷能力。就现阶段普通家庭3～4口人的生活水准而言，选择功率为(800～1000)W的普通转盘式微波炉，无论从价格、容量、供电等诸方面考虑，都比较适宜。

(3) 外观质量。对微波炉外观质量的选择包括造型、色彩、表面质量和零部件的配合。

① 造型是看该产品的造型是否美观大方。

② 色彩是看该产品的颜色是否是自己喜欢的，产品上的各种颜色是否协调，该产品与放置处其他家具和器具的颜色是否协调。

③ 表面质量是看产品表面的涂层、漆层或镀层有无机械碰伤和擦伤，各部件有无裂缝和损伤。

④ 面板要求平整无凹度，无擦毛、碰伤，无机械加工痕迹，色泽均匀，光泽好，图案、字符清楚。

(4) 通电试验。将微波炉接通电源，放入水，启动微波炉，应注意观察以下几点：

① 炉内是否有照明。

② 炉内玻璃盘是否转动。

③ 水是否被加热。可将一杯200 mL的冷水放入功率为500 W的微波炉内，启动4分钟，或放入功率为600 W的微波炉内，启动3分钟。如能将水烧开，就属于正常。如水不热，则证明磁控管不工作。

④ 是否有热风排出。磁控管正常工作时如果排风系统不工作，将损坏微波炉。

⑤ 根据说明书检查控制板所有按键及旋钮是否功能完备。

⑥ 微波炉工作中，如将炉门打开，微波炉应停止工作，否则大量微波射向炉外将对人体产生危害。

⑦ 轻启炉门时应听到轻微的“咔嚓”声，这证明炉门栓钩与微型开关接触良好。

⑧ 噪音不宜过大。可用一台中波收音机调到无台处，放在靠近炉体的地方，如听不到放电似的噪声，则说明微波屏蔽良好，微波泄漏程度较小。

20. 选购微波炉要注意哪些要素？

在购买微波炉的时候除了考虑品牌、价格、功能、外观之外，还要考虑一些其他的重要因素。这些因素将直接影响消费者能否购买一款性价比足够高的微波炉。下面是购买微波炉时不可忽略的几个关键要素：

(1) 箱体大小不等于底板大小。消费者选购微波炉时往往看重品牌和容量大小，认为容积越大加热越快，忽视了机箱内底板的面积大小。业内人士提醒消费者，在选择微波炉时，一定要注意微波炉底板面积的大小，因为底板面积越大，加热越快，热度越高，受热面积越均匀。在底板面积相同的前提下，容积为 21 L 的微波炉，显然要比容积为 23 L 的微波炉热效率更高。所以，消费者在选购微波炉时一定要“透过现象看本质”，不可忽视底板尺寸。

(2) 底部小平台不得不看。在平板微波炉的底部会突出一个小平台，在这个小平台内有一个微波搅拌器。通过这个装置把微波打散，使微波从底部均匀地向上输送，进而加热箱体内的食物。小平台的面积越大，与箱体内底板的面积越接近，微波搅拌器将越灵活，把微波打得越均匀。而如果微波炉底部小平台的面积很小，就会使加热的效果大打折扣。

(3) 功率概念要分清。消费者在选购微波炉时，常会考虑的参数就是微波炉功率的大小。在选择微波炉的时候，不能只看功率的高低，要看输出功率的大小，因为输出功率才是加热食物的有用功。微波炉的输入功率一般会标在机器的后面。输入功率和输出功率的差值越小越好，差值越小，说明微波炉的有效功率越大。

(4) 噪声大小关乎耗电量的大小。微波炉瞬间启动后会产生噪音，启动几秒以后可以听微波炉的噪音大小。如果启动时的噪音和微波炉运转几秒后的噪音比起来差别不是很大，证明微波炉的性能不是很理想，启动后耗费的无用功太多，耗电量也就更大。

(5) 各种微波炉加热重量的不同。就像数码相机和手机一样，数字控制的微波炉也存在“内存”的问题。例如，在热牛奶的时候会有一个千克数的界限，不同微波炉的这个界限是不同的。当加热相同重量的同一种食物时，看看哪一个机器的设定时间最短。在保证食物熟的情况下，花费的时间越少，证明这个微波炉的加热速度越快。一般的微波炉都有热牛奶、烤鸡翅、蒸米饭等常用的功能，顾客在购买微波炉的时候可以让销售人员演示一下，以便更好地选择能效比更高的微波炉。

21. 什么是电磁炉？

电磁炉是利用电磁感应加热原理制成的电气烹饪器具，它由高频感应加热线圈(即励磁线圈)、高频电力转换装置、控制器及铁磁材料锅底炊具等部分组成。使用时，加热线圈中通入交变电流，线圈周围便产生交变磁场，交变磁场的磁力线大部分通过金属锅体，在锅底中产生大量涡流，从而产生烹饪所需的热量。电磁炉在加热过程中没有明火，因此安全、卫生。电磁炉的外形如图 9 所示。

图 9　电磁炉

22. 使用电磁炉时要注意哪些问题？

(1) 电源线要符合要求。电磁炉由于功率大，在配置电源线时，应选能承受 15A 电流的铜芯线，配套使用的插座、插头、开关等也要达到这一要求。否则，电磁炉工作时的大电流会使电线、插座等发热或烧毁。另外，如果可能，最好在电源线插座处安装一只保险盒，以确保安全。

(2) 放置要平整。放置电磁炉的桌面要平整，特别是在餐桌上吃火锅时更应注意。如果桌面不平，使电磁炉的某一脚悬空，使用时锅具的重力将会迫使炉体变形甚至损坏。另外，如桌面有倾斜，当电磁炉对锅具加温时，锅具产生的微震也容易使锅具滑出而发生危险。

(3) 保证气孔通畅。工作中的电磁炉随锅具的升温而升温，因此，在厨房里安放电磁炉时，应保证炉体的进、排气孔处无任何物体阻挡。炉体的侧面、下面不要垫(堆)放有可能损害电磁炉的物体、液体。需要提示的是，当电磁炉在工作中如发现其内置的风扇不转，要立即停用，并及时检修。

(4) 锅具不可过重。电磁炉不同于砖或铁等材料结构制造的炉具，其承载重量是有限的，一般连锅具带食物不应超过 5 kg，而且锅具底部也不宜过小，以使电磁炉炉面承受的压力不至于过大、过于集中。万一需要对超重、超大的锅具进行加热时，应对锅具另设支撑架，然后把电磁炉插入锅底。

23. 怎样选购电热毯？

现在市场上的电热毯品种繁多，质量也参差不齐，应当如何选购安全可靠的电热毯？具体方法如下：

(1) 挑选用双层螺旋发热线制成的标准电热毯。因为双层发热线具有自动安全保护功能。

(2) 铺平电热毯进行通电检查。把整个毯子铺平在桌子上，用手摸一遍，应该是平整的，不能出现发热线打结的现象；然后，仍保持电热毯平铺，插入电源，将控制器拨到通电位置，几分钟后就应有发热的感觉。

(3) 重视毯体质量和面积。优质、标准的电热毯，多数是用阻燃的针刺无纺布制成的。按标准规定，化纤面料的单位面积质量不得小于 350 克(350 g/m^2)；棉、毛织面料的单位面积质量不得小于 500 克(500 g/m^2)。

24. 使用电热毯时应注意什么？

参照电热毯国家标准要求，为防止意外事故发生，用户在使用电热毯时，请务必遵守下列事项：

(1) 不得折叠通电及折叠使用电热毯。

(2) 不得卷折弄皱使用电热毯，用户使用的床及床垫物品应保证电热毯充分平铺，以免造成局部过热。

(3) 禁止用锐器刻伤或用钝器敲击电热毯。不能用针、销钉或其他金属物固定电热毯。

(4) 电热毯只能平铺取暖，不能包裹身体取暖使用。禁止作任何其他用途。

(5) 为避免烫伤人体，不能让生活不能自理者、婴幼儿及对热不敏感的人使用。

(6) 电热毯上放置有折叠的被褥等厚重物品时，不得通电使用，以免造成电热毯被压处局部过热。

(7) 不能曝晒、烘烤、熨烫电热毯，避免造成发热线绝缘层损坏。

(8) 禁止与其他发热器具(脚炉、热水袋等)并用，禁止为其他发热器具加热。

(9) 用户外出或不使用电热毯时，应切断电热毯电源，以防止意外事故发生。

(10) 电热毯不是以在医院使用为目的的。

(11) 不能洗涤和干洗电热毯，若弄湿不得使用。

(12) 禁止自行拆卸、修理电热毯及控制器。

(13) 根据国际惯例，在正常使用条件下，电热毯的使用寿命为 5 年，超过使用期限，应及时更换电热毯。电热毯不能超期服役。电热毯使用数年后，即使电热毯电热丝没有折断、温控开关外表没有损坏也应更换新的。这是因为几乎所有电热毯的温控开关都是用塑料制成的，它的高低温控挡控制触点就嵌在塑料盒内。开关的触点经几年的频繁开启，都会有不同程度的电弧烧痕，触点周围的塑料渐渐碳化。如果电热毯通电时间过长，塑料盒开关就很可能因发热而被击穿，引起火灾。

25. 哪些人不宜使用电热毯？为什么？

电热毯是冬季御寒取暖用品，但并非人人皆适宜。以下各类人群不宜使用电热毯：

(1) 孕妇。电热毯通电后产生的电磁场，可通过孕妇影响胎儿的正常发育，严重的可导致流产、胎儿畸形等。

(2) 育龄男子。研究表明，电热毯产生的高温会影响睾丸产生精子的功能，故想生育孩子的新婚夫妇不宜使用。

(3) 新生儿。电热毯易产生高温，新生儿因体温调节能力差，使用时会因失水而导致脱水等症状，严重者可危及生命。

(4) 婴幼儿。婴幼儿的身体正处于生长发育时期，各组织器官比较娇嫩，使用电热毯时所产生的电磁波，将阻碍其生长发育。

(5) 呼吸道疾病患者。常使用电热毯容易引起咽干喉痛、声音嘶哑、咳嗽不止，使呼吸道疾病患者病情加重或恶化。

(6) 出血性疾病患者。使用电热毯可使血糖循环加快、血管扩张，加剧出血，所以溃疡出血、肺结核咳血、脑溢血等患者不宜使用。

(7) 过敏性体质者。使用电热毯后，使其极易发生过敏反应，致使皮肤瘙痒，或出现皮疹，影响睡眠。

(8) 心血管病患者。电热毯的机械性升温，可破坏人体的平衡机制，导致肌体某些功能失调，严重时可诱发高血压和心脏病。

26. 电热毯的毯面脏了，应怎样用水清洗？

洗涤电热毯可以用肥皂、洗衣粉或专用洗涤剂手洗。一般的电热毯有两面，一面是布料，另一面是棉毯或毛毯，电热丝是缝合在布料和棉毯或毛毯之间并固定在布料上的。洗涤布料一面时最好平铺开，洒上洗衣粉或用肥皂液轻轻地刷；洗涤棉毯或毛毯一面时，不要用刷子，要用手轻轻搓洗，搓洗时避开电热线，以免折断；清洗干净后不要拧挤，挂起来让水自然滴出，最好在阳光下晒干，可起到杀菌灭螨的作用。切不可用通电的方法使电热毯快干，以免造成电热毯损坏。洗涤后要进行检查，如发现电热线折断或外露，应及时修补好再使用。

27. 天气转暖后应怎样存放电热毯？

(1) 清洁。电热毯在收纳之前，应清洁晾晒，以防虫蛀发霉。清洁时，用棉花蘸汽油把油渍擦去或用刷子蘸洗洁精轻轻擦拭，洗干净后放在通风处晾干，切忌将电热毯通电烘干。还要注意不能用漂白剂清洗，尤其不能干洗，因为漂白剂和干洗时的洗涤剂，都会破坏电热毯的绝缘材料。

(2) 去潮。要将电热线、调温、控温等电器元件进行去潮。可将电热毯平整地摊开，插上电源，通电半小时左右，然后让它自然凉透。

(3) 装袋。将去潮的电热毯轻轻拍去浮尘，将电源导线和开关放在里面，然后轻轻地折叠好，慢慢地装进包装袋(或盒)内，不要在上面放别的东西，不要让电热毯受到挤压。为了预防虫蛀，也可以放入几粒樟脑丸。

(4) 防潮。在收纳过程中，要注意防潮，盛夏和秋初空气较干燥，可将电热毯从塑料袋中取出，在中午晾晒半个多小时。这样既能除潮，又能除虫，延长电热毯的使用寿命。

28. 燃气热水器点火困难是什么原因？怎样处理？

燃气热水器点火困难或点不着火的主要原因是火喷嘴与电热器积碳，或水阀过滤纱网积垢。排除的方法是：检查火喷嘴与电热器，发现积碳，清除干净；若水阀过滤纱网积垢，可将进水管路旋开，取出过滤纱网用水清洗，也可直接在管路上清洗，清洗后再将进水管路装好。

29. 电热水器有哪些种类，各有什么特点？

电热水器如图 10 所示，它按储水方式可分为即热式和容积式(又称储水式或储热式)、速热式(又称半储水式)三种。容积式是电热水器的主要形式，按安装方式的不同，可进一步区分为立式、横式及落地式；按承压与否，又可区分为简易式(敞开式)和承压式(封闭式)；按容积大小又可区分为大容积式与小容积式。

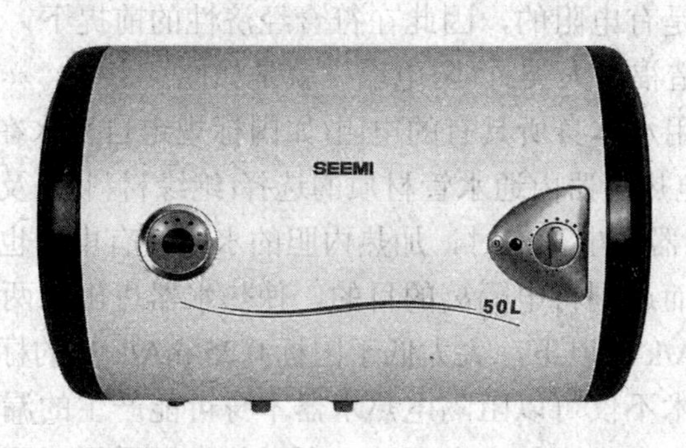

图 10　电热水器

(1) 储水式电热水器。

优点：安全性能较高，能多路供水，既可用于淋浴、盆浴，还可用于洗衣、洗菜。安装也较简单，使用方便。

缺点：一般体积较大，使用前需要预热，不能连续使用超出额定容量的水量，要是家庭中多人洗澡，中途还需等待。另外，洗完后没用完的热水会慢慢冷却，造成浪费。水温加热温度高，易结垢，污垢清理麻烦，不清理又影响发热器寿命。

(2) 即热式电热水器。

优点：具有能够即开即热、省时省电、节能环保、体积小巧、水温恒定等诸多优点。

缺点：功率比较大，对线路要求高。一般功率都至少要求在 6 kW 以上，在冬天就是 8 kW 的功率也难以保证有足够量的热水进行洗浴。电源线的横截面积要求至少 2.5 平方毫米以上，有的要求 5 平方毫米以上。

(3) 速热式电热水器。

这种热水器美观典雅，预热时间短，热水源源不断，安装方便，结合了储水式和即热式的优点，缺点是造价高。它有六大安全措施：防漏电、防干烧、防过压、防结垢、防倒流、防过热；只需 8～10 分钟预热，内胆水温可达 80～85℃，水温和出水量大小可任意调节，一次预热全天候使用，不受人数限制，即使停电关机，仍可使一人沐浴；功率在 4000 W 左右，适合一般家庭电压使用，不用更换电表、电线，只要是横截面积为 2.5 平方毫米或以上的铜芯线即可，是当今家庭的理想之选。

30. 什么是防电墙?

“防电墙”是一种简称，它的确切表述应该是“水电阻衰减隔离法”。 在一般人的印象中，纯水不是一种导体，但自来水里因含有其他杂质而成为导体，与电接触是十分危险的。其实，任何物体都是有电阻的，因此在符合经济性的前提下，热水器就可能被改造成符合安全需要的器具而造福于人类。“防电墙”就是如此。

“防电墙”就是利用水本身所具有的电阻(如国标规定自来水在 15℃ 时电阻率应大于 1300 Ω · cm)，通过对电热水器内通水管材质的选择(绝缘材料)以及管径和距离的确定，形成“隔电墙”。当电热水器通电工作时，加热内胆的水即使有电，也会在通过“隔电墙”时被水本身的电阻衰减掉而达到将电隔离的目的，使热水器进出水两端电压几乎为零，其每千瓦的电流量在 0.02 mA/kW 以下，大大低于国标 0.25 mA/kW 的标准。

采用“防电墙”技术不仅可以阻隔电热水器本身可能产生的漏电，也可以阻隔因地线带电或水管带电而对淋浴者带来的安全威胁。所以热水器采用“防电墙”技术可以充分保证人洗浴的安全。

31. 使用电热水器应注意什么？

(1) 上水时必须将出水口打开，等内胆里的空气完全排出后才能检查水是否注满。

(2) 排空前必须先将电源切断。

(3) 作封闭式安装时，加热期间进水阀必须处于开启状态。

(4) 刚打开阀门时，不要把出水方向对着人体。

(5) 电热水器使用时间长了，如果用户没有及时地清洗热水器的内胆，就会造成加热管结垢严重，电热管的热量加热不充分，水热起来就很慢，影响正常使用，并容易因局部受热不均而发生破裂，所以电热水器要每年进行一次维护。

32. 家用电暖器的种类有哪些？

电暖器是一种将电能转换成热能的装置。由于发热原理、散热途径、导热媒质及适用范围不同，电暖器通常分为以下几个类型：

(1) 电热油汀取暖器，又称充油式电暖器。这种电暖器体内充有新型导热油，当接通电源后，电热管周围的导热油被加热，然后沿着热管或散热片将热量散发出去。当油温达到85℃时，其温控元件即自行断电。这种电暖器使用寿命长，导热油无需更换，适合在客厅、卧室、过道及有老人和孩子的家庭使用，具有安全、卫生、无尘、无味的优点。缺点是散热慢、耗电多。油汀散热片有 7 片、9 片、10 片、12 片等，可通过选择散热片的多少来调节功率的大小，使用功率在 1200 W 左右。

(2) PTC 暖风机。PTC 是一种陶瓷电热元件的简称。它利用风机鼓动空气流经 PTC 电热元件强迫对流，以此为主要的热交换方式。其内部装有限温器，当风口被堵塞时，风机可自行断电。有的还装有倾倒开关，当暖风机倾倒时也能自行切断电源。其输出功率为(800～1200)W，可随意调温，工作时送风柔和、升温快，具有自动恒温功能。PTC 元件一般都具有防水功能，所以这种暖风机适合在浴室使用，是目前理想的便携式家用电暖器。

(3) 对流式电暖器。这种电暖器罩壳上方为出气口，下方为进气口，通电后电热管周围的空气被加热上升，从出气口流出，而周围的冷空气从进气口进入来补充。如此反复循环，使室内温度得以提高。当进、出口被堵塞或环境温度过高时，温控元件会自动切断电热管电源。这种电暖器使用功率在 800 W 左右，还可通过增减电热管的接通数量来调节功率。该电暖器的安全性能较高，运行宁静，缺点是升温缓慢。

(4) 电热膜电暖器。这种电暖器采用全透明高温电热膜为发热材料，在工艺上处于世界先进水平。它采用热风道结构，传热方式为强化对流，热启动速度快，出风温度在3分钟内可达100℃以上，但断电后则迅速冷却。由于电热膜加热时自身无氧化，使用寿命可达10万小时，同时具有体积小、造型美观等特点，属于电暖器的换代产品。电暖气的外形如图11所示。

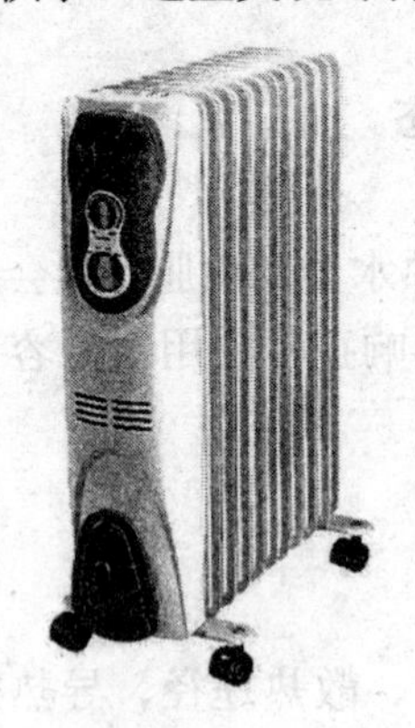

图11　电暖器

33. 怎样选购电暖器?

面对市场上各式各样的电暖器，消费者应该如何选购呢？高档电暖器虽然外观时尚，功能多样，但性价比却未必是最高的，因此消费者应根据自己的需要选择实用一些的产品。

首先从用途出发，如果只有一个人取暖，可以购买功率较小、价格便宜的卤素管或电热丝加热的电暖器；如果是多人一起取暖，可以考虑选择发热量较大、有对流功能的搪瓷或者油汀电暖器。

消费者还应根据房间面积大小选购电暖器。每100 W功率的制热面积大约为1平方米。一般来说，15平方米左右的空间选择1500 W的电暖器即可。家用电表容量通常为(5～10)A，最好选择功率在2000 W以下的电暖器，以防止功率过大发生断电或其他意外事故。

另外还要考虑居室保温条件。如果居室保温条件较差，只需要对局部空间进行定向加热，可选择近身的辐射式取暖器，比如远红外线取暖器；如果保温条件好，需加热居室的整体空间，则可选择对流式取暖器，如电热油汀取暖器。

如果在浴室、卫生间使用，一定要考虑选购防水性能较好的浴霸或PTC暖风机。如在客厅、卧室中使用，则可考虑选择辐射式取暖器或电热油汀取暖器。

消费者在购买时要注意试验电暖器的加热效率。因为电暖器的升温速度、传热方式、散热面积等直接影响着电暖器的使用效果，所以同样功率的产品有时热效率会有所不同。

34. 使用电暖器应注意什么?

(1) 不与大功率电器同时使用。由于电暖器功率较大，不宜与大功率的电器同时使用，否则容易断电和损坏电暖器。当居室中无人时，一定要把电暖器的电源拔掉。

(2) 不能使用没有地线的两孔插座。电暖器必须使用带地线的三孔插座，绝不可自行换用没有地线的两孔插座，因为这样易产生静电，有时会有电手的感觉，较危险。另外，插座不要位于电暖器正上方，防止热量上升烧烫电源。

(3) 电暖器上不能覆盖物品。电暖器表面温度较高，一旦覆盖物品，热量不能及时散发，容易烧机及引燃其他物品。

(4) 要注意安装与摆放位置。在安装与摆放位置上，电暖器应放在不易碰触的地方，远离可燃烧物，背面离墙应有 20 cm 左右的距离。如果将电暖器放置在浴室中供暖，则更要特别小心，以防止电源遇水引起的不良后果。最好将电源插座安在浴室外，而且电暖器的电线要有绝缘橡胶保护，并能保证与机体的连接处不与水接触。

有的人喜欢紧靠着电暖器取暖，甚至还把手、脚放在散热片上，这样做是很容易被烫伤的。还有些人将电暖器直接对着身体吹，虽然一时暖和，但若长时间如此，也会灼伤皮肤。所以，在使用电暖器时不要太靠近电暖器，尤其不要让电暖器的出风口直接贴着身体的某个部位加热。

(5) 要注意保湿。在干燥的冬季皮肤会渐渐失去表面油脂，保湿能力较差，若再在室内使用电暖器，环境会更加干燥，导致皮肤缺水、皲裂、瘙痒。因此，在家里使用电暖器时，应想办法增加室内湿度，比如，在室内养一些水栽植物，放几盆清水，经常拖地，使用加湿器加湿等。

35. 怎样维护电暖器?

(1) 清洗。最好用软布蘸家用洗涤剂或肥皂水进行擦洗，不能用汽油、甲苯等溶剂，以免使电暖器外壳受损，影响美观或生锈。

(2) 存放。在天气暖和不需使用电暖器时，首先要擦洗干净电暖器，待晾干机体后放入包装箱中，放于干燥阴凉处保存，以备需要时再用。

四、家用洗涤电器篇

1. 洗衣机按洗涤类型分为哪几类？各有何特点？

类型：波轮式、滚筒式、搅拌式。

特点：波轮式洗衣机的洗净率较高，洗涤时间也较其他洗衣机短，但波轮式洗衣机的磨损度较高，用水量也较大，而且易缠绕。

滚筒式洗衣机的优点是洗衣时衣服几乎不磨损，也不缠绕，与波轮洗衣机相比，在相同洗涤条件下的洗净度较低。

搅拌式洗衣机综合性能较好，但体积较大，结构复杂且制造技术难度大、成本高。

2. 洗衣机按结构形式可分为哪几种？

洗衣机按结构形式可分为单桶、双桶、套桶和滚筒洗衣机，如图12所示。

图12　单桶、双桶、套桶和滚筒洗衣机

3. 洗衣机按自动化程度可分为哪几种？

洗衣机按自动化程度可分为普通型洗衣机、半自动洗衣机、全自动洗衣机。

4. 洗衣机的型号代表什么？

排第一位的符号“X”表示洗衣机，“T”表示脱水机。对于洗衣机，排第二位的符号“P”

为普通型，“B”为半自动型；“Q”为全自动型；第三位的符号“B”为波轮式，“G”为滚筒式，“D”为搅拌式；第四、五位是洗涤容量，第四位表示容量的个位数，第五位表示小数点后的十分位数；第六(或六、七)位(即杠线后的第一位或一、二位)是厂家设计序号；第七位或第八位是结构型式代号，“S”表示双桶机，单桶机不标。

例如，XQB40-33 型，表示的是洗涤容量 4 kg 的波轮式全自动洗衣机，厂家设计序号为 33 型；XPB55-3S 型，表示的是洗涤容量 5.5 kg 的波轮式普通型双桶洗衣机，也就是常见的双缸机，厂家设计序号为 3 型；XQG50-2 型，表示的是洗涤容量 5 kg 的滚筒式全自动洗衣机，厂家设计序号为 2 型；T20-3 型，表示的是脱水容量 2 kg 的脱水机，厂家设计序号为 3 型。

5. 什么是洗衣机的容量？

洗衣机的容量是指洗涤容量。标准的洗涤容量在国际中指的是：一次可洗干燥状态标准洗涤物的最大重量。目前波轮式洗衣机的容量一般为(2～6)kg，而滚筒式则为(5～8)kg，以 5.2 kg 为主。

6. 洗衣机的洗涤原理是什么？

它是由模拟人工搓衣服的原理发展而来的，即通过翻滚、摩擦、水的洗刷和洗涤剂的表面活化作用，将衣物附着的污垢除掉，从而达到洗净衣物的目的。

滚筒洗衣机是由滚筒作正反向转动，衣物利用凸筋被举起，依靠引力自由落下，模拟手搓，洗净度均匀，损衣率低，衣服不易缠绕，连真丝及羊毛等高档衣服都能洗涤。滚筒洗衣机还可加热，能激活洗衣粉中的生物酶，进一步提高洗涤效果。

波轮洗衣机则是依靠波轮的高速运转所产生的涡流冲击衣物，借助洗涤剂的作用洗涤衣物的，其洗涤力度比滚筒式要高，但是因机械力作用大，易使衣物缠绕打结，磨损度较大。

7. 怎样选购洗衣机？

在选购洗衣机时应完成“四步曲”。首先打开包装箱，检查洗衣机的外观质量。外形要求美观大方、平整光洁、色彩淡雅、线条清晰；箱体表面没有划痕，油漆坚硬光亮；塑料件没有翘曲变形，没有毛边毛刺、裂纹裂缝等，洗衣桶内表面应光滑。

同时要检查各部件的质量。打开桶盖，要求桶体平整光滑，无毛病。波轮与桶体四周缝隙要求在(1～1.5)mm 左右。用手转动波轮，左右转动灵活，没有异常声音。用手按控制面板上的琴键开关，旋转定时器或程序控制器，要求操作自如。

然后通电试转。双桶半自动洗衣机要求波轮能正、反运转。设定时间将到时，蜂鸣器报警。脱水桶能够转动，打开脱水桶盖，脱水桶能被刹住，停止转动。全自动洗衣机要求能按设定的程序进行运转。进、排水阀门控制正常。

最后要根据说明书检查随机附件是否齐全、功能是否良好等。

8．怎样选购全自动洗衣机？

随着人民生活水平的提高，一些消费者已不满足半自动洗衣机的洗涤方式，改为选用全自动洗衣机。全自动洗衣机的特点是，通过程度控制器来实现洗涤过程，因此省时省力。购买这种洗衣机时，除了要在外观上进行选择外，主要是进行机械、电子等方面内在功能质量的检查和挑选，其步骤是：

(1) 接通电源，把程控器指针顺时针拨至洗涤或漂洗程序上，启动(拉出)程控器电源，应听到进水电磁阀工作发出较轻的“嗡嗡”声。用手触摸进水口接头，应有振动的感觉，这表明进水电磁阀是完好的。

(2) 若没有声音和振动的感觉，则把程控器关闭(压下)，顺时针转动排水旋钮，再启动程控器；若听到排水电磁阀发出较大的“嘭嘭”声，则表明洗衣机电源输出通路及电磁阀完好。如若排水电磁阀没有反应，则表明进水电磁阀有卡死的故障。

(3) 接通水和电源，把程控器指针拨至洗涤或漂洗程序上，水位选择器处于低水位挡，启动程控器，自来水应流进桶内。当桶内水位高达 20 cm 左右时，波轮应转动，同时，进水阀应关闭断水；这说明电机水位选择器功能完善。启动程控器后水不能流进桶内而波轮转动，这就是无水状态的“干洗”故障，主要是由于水位选择器调整不合适造成的。

(4) 若上述程序正常，程控器自控运行排水程序时，波轮应停止转动，排水电磁阀开启排水。如果电磁阀不开启排水，则表明电磁阀存在着机械结构方面的故障，可能是连杆断裂或连接销脱接等情况。

(5) 当程控器运行至漂洗程度时，排水阀应关闭，并听到较大的“嘭”声，此时进水阀开始进水，上述程序又重复一次。如排水阀不能关闭，桶内不能储水，主要是排水阀不能复位所造成的，正常的洗衣程序就会由此而中断。总之只要洗衣机能实现“进水－洗－关水－排水和储水－进水”的循环过程，就是一台质量完好的全自动洗衣机。

9．怎样挑选滚筒洗衣机？

滚筒洗衣机由于具有低磨损、不缠绕、可洗涤羊绒、真丝织物以及容量大等诸多优点而成为当前国际上洗衣机市场的主要机型。

通常滚筒洗衣机为前开门式，需占用较大的空间，而我国家庭一般将洗衣机安置在面积不大的厨房或卫生间，因此使用很不方便。目前国内厂家研制的顶开门式滚筒洗衣机不久前已经投放市场，所以消费者如果选购滚筒洗衣机，应以顶开门式为首选机型。

检查洗衣机外观时，先要打开包装，查看机壳是否光洁亮泽，特别是门窗玻璃是否有裂痕，透明度是否清晰；此外各种功能选择键和旋钮在常态下是否灵活自如。

外观无异常问题，就可以通电试机。先开启洗衣机的程控器，置于匀衣挡(六至七挡之间)，此时，指示灯亮，机内滚筒转动，并处于间歇性的正反转工作状态。要检查工作噪音是否过大，可用手触摸机体检验震动情况，震动较小，证明滚筒运转平稳、质量可靠。然后再用手触摸机体右下侧排水泵位置，若有轻微震动，证明风叶已旋转，处于正常工作状态。这几项检查完毕，即可关机。约一分钟后，打开机门，检查门封橡胶条是否弹性良好，如弹性不足，可能会造成水从门缝中渗漏。

10. 滚筒洗衣机耗电量大吗?

滚筒洗衣机洗涤功率一般在 200 W 左右，而脱水与转速成正比，如果水温加到 60℃，一般洗一次衣服需要 100 分钟以上，耗电在 1.5 千瓦时左右。如果烘干，最少需 40 分钟。一般一次洗衣服需要 70 分钟以上。所以，滚筒洗衣机耗电量较大。

11. 洗衣机的排水方式有哪些?

波轮洗衣机一般是下排水，其排水高度不能高于 20 cm，个别波轮洗衣机也可以上排水；滚筒洗衣机基本上都是上排水，其排水高度不能低于 80 cm。

12. 滚筒洗衣机洗衣量的选定如何把握?

一般轻微污垢的棉质衣物——最多为(4.5～5.0)kg。

极肮脏的衣物——最多为 4.0 kg。

容易处理的衣料——最多为(2～2.5)kg。

质地纤柔的衣物——最多为 1.5 kg。

羊毛衣物——最多为 1.0 kg。

13. 使用洗衣机时要注意什么?

使用洗衣机时，洗涤前取出口袋中的硬币、杂物，有金属纽扣的衣服应将金属纽扣扣上，并翻转衣服，使金属纽扣不外露，以防在洗涤过程中金属等硬物损坏洗衣桶及波轮。

要注意的是，一次洗衣量不得超过洗衣机的规定量，水量不得低于下线标记，以免电动机因负荷过重而发生过热，造成绝缘层老化影响寿命；洗涤水的温度不宜过高，一般以40℃为宜，最高也不应超过60℃(滚筒式高温消毒洗衣机除外)，以免烫坏洗衣桶或造成塑料老化、变形。

每次洗衣结束后，要排净污水，用清水清洗洗衣机桶；用干布擦干洗衣机内外的水滴和积水；将操作板上的各处旋钮、按键恢复原位；排水开关处在关闭位置，然后放置于干燥通风处。

14. 滚桶洗衣机和全自动波轮洗衣机的区别在哪里？

(1) 洗涤方式。滚桶洗衣机是通过内桶的翻转带动衣物上下摔打来洗涤衣物的；全自动波轮洗衣机是通过波盘和内桶上的凸起带动水流，靠水流的冲击力来洗涤衣物的。

(2) 放置位置。滚筒洗衣机因为是采用侧开门，所以能放置在洗漱台下面，可节省空间。全自动波轮洗衣机相对来说就会占用一定的空间了。

(3) 各自的优点和缺点。

滚筒洗衣机的优点：衣物磨损率较低、不易缠绕、洗净度高，洗衣机省水。

滚筒洗衣机的缺点：其费时、耗电(因为洗涤时间长，电机功率大)、维修费用高，机体比较笨重、移动不方便。

全自动波轮洗衣机的优点：其洗涤时间短、省电、维修费用比较低。

全自动波轮洗衣机的缺点：衣物缠绕严重、磨损率稍大、洗净度一般，水消耗较多。

双缸波轮洗衣机最省电，价格最便宜，但是最费水，洗净度也最低，占的空间比全自动的还要大。

15. 双桶洗衣机甩干桶不转怎么办？

当出现甩干桶不转时，首先应区分两种情况：电机有“嗡嗡”声(堵转声)和电机没有声音。

电机有声音时，应立即拔出电源插头。然后检查刹车部分是否有问题，如刹车调整块碎裂、刹车钢丝断裂等，会造成制动器抱住制动轮，产生堵转；检查紧固螺钉是否已松动，造成电机转而甩干桶不转；电机轴承及密封圈中含油轴承是否已磨损而产生卡住现象；电容器是否正常。

如电机没有声音，则应先查看是否因停电或保险丝熔断之类引起的。然后检查安全开关是否正常，是否有移位，或簧片变形、弹性下降、断裂及触点氧化等，引起接触不良(不导通)。若有上述现象，应更换或修复安全开关；脱水定时器是否正常，若已损坏，应进行更换；脱水电机是否有故障，若有故障，应检修或更换电机；电容器是否已损坏或引线脱落，若已损坏，应进行更换。

16. 双桶洗衣机甩干桶转动缓慢怎么办？

当出现甩干桶转动缓慢、脱水效果不好时，应先检查所放衣物是否过量，排水是否畅通，电网电压是否太低。

排除上述因素后，若故障仍存在，则应检查制动轮、脱水电机轴及脱水桶法兰轴的紧固螺钉是否松动，脱水电容器容量是否下降或老化，电机是否有局部短路现象，刹车部分是否有问题，即制动片擦碰到制动轮。对以上各种可能产生的故障原因采取相应的办法解决，修理或更换损坏的部件。

17. 洗衣机波轮只能单向运转或运转不停怎么办？

目前使用的双桶洗衣机波轮均是周期性正、反运转的。其主要控制系统就是定时器，通过定时器内触点的通、断控制波轮的运转。由此当出现波轮只能单向转或运转不停时，其主要原因就是定时器发生了故障。

由于簧片的弹性下降或触点表面氧化引起的接触不良，从而使波轮只能单向运转(另一组簧片正常时)，或因触点烧蚀粘连在一起，使波轮运转不停，可更换簧片或定时器。

除了定时器故障外，也有可能是因为电气线路上的问题，如引线断、焊点脱落以及接线错误等，该类故障用万用表检查换向的导线通断情况即可作出判断并排除故障。有时电机的故障也会引起只能单向运转的现象，此时需请专业维修人员检修电机。

18. 洗衣机的强洗和弱洗功能哪种更省电？

强洗功能更省电。因为同样长的洗涤周期，弱洗模式比强洗模式叶轮换向次数多，电机会增加反复启动的次数，而电机启动电流是额定电流的5～7倍。由此可见，“弱洗”反而费电。

19. 家用洗碗机有哪些种类？

图13 家用洗碗机

家用洗碗机如图13所示。家用洗碗机一般按洗涤形式的不同分类，可分为喷嘴式洗碗机和叶轮式洗碗机。

(1) 喷嘴式洗碗机又称为淋浴式洗碗机。按其结构又可分为上下回转喷嘴式、下喷嘴式、下喷嘴反射式、塔喷嘴式、多孔管式、雨弹头式、旋转汽缸式等不同结构。尽管结构略有差异，但其工作特点均是以水喷溅的洗涤方法，即利用压力喷嘴将水柱喷射到不同的侧面和方位角度，充分洗涤机槽架上的器皿物具。

(2) 叶轮式洗碗机在其机槽架的下部设有叶轮，叶轮与电动机相连。工作时，电动机带动叶轮作高速旋转，并将机槽内的洗涤水随叶轮片向上飞溅，以达到清洗的目的。

20. 洗碗机的工作原理是什么？

(1) 自动洗碗机是通过上电运行可编程序控制器内部储存的程序，使程控器内部的开关触点按程序设定的要求依次闭合或断开，从而驱动 PLC 外部主电路的继电器、电磁阀线圈的通断电控制各部分工作。通过电机驱动清洗泵对水的加压，形成高达 3 m 喷射压力的水流，同时由不锈钢环状电热管组成的加热管快速对水加热以获得一定的温度(温度的高低可根据使用者对餐具清洗的要求由程序控制器选定)，再辅以洗涤消毒剂。由于喷淋器受到喷水的反作用力而不断地转动，使喷到洗碗机顶部的水柱仍有很大的反冲力，喷臂不断地将带有洗涤剂或漂洗剂的热水以一定的压力从三维立体方向均匀密集地喷射到餐具表面，使餐具的各个面都被反复冲洗，从而降低了油脂的粘度和吸附力。热水对食物残渣进行浸泡膨化；洗涤剂对油污与残渣进行乳化分解并杀菌消毒。力、热、化学作用三管齐下的强劲威力，使餐具表面的油污、残渣迅速分解脱落；所以这将能使蒸鱼、蒸蛋、煮牛奶后附在餐具上的残渣清洗干净。再由清水强力漂洗；污物落到底部过滤器处，清洗后的污水经排水泵自动排出，然后利用余热将餐具烘干。

(2) 超声波洗碗机利用的是超声波清洗的原理：当超声波经过液体介质时，将以极高的频率压迫液体介质振动，使液体分子产生正负交变的冲击波。当声强达到一定数值时，液体中急剧产生微小空化气泡并瞬时强烈闭合，产生强烈的微爆炸和冲击波使被清洗物表面的污物遭到破坏，并从被清洗表面脱落下来。虽然每个空化气泡的作用并不大，但每秒钟有上亿个空化气泡在作用，就具有很好的清洗效果。因为超声波可以穿透固体物质而使整个液体介质振动并产生空化气泡，因此这种清洗方式不存在清洗不到的死角，而且业内也证明超声波清洗的洁净度高。

(3) 喷射式洗碗机是通过高温高压喷射水流对餐具表面的机械冲刷，洗涤剂对餐具表面油污、残渣的皂化与分解，热水对食物余渣的浸泡澎化，使餐具表面油污、残渣及食物余渣迅速分解与脱落，餐具表面重现清洁和光亮的。即在高温高压水柱的冲刷和洗涤剂的强效去污双重作用下，有效洗脱有害病菌，达到清洁与除菌的双重效果。

鉴于洗碗机特有的洗涤方式和洗涤环境，洗碗机具备良好的灭菌、除菌功能，常规如大肠杆菌、葡萄球菌等，在 60℃的温度环境中保持 20 分钟，就能灭杀。乙肝等在高温下不易杀灭的病毒，靠反复冲刷、排水等过程将其彻底清除。同时，洗涤剂本身对各种细菌有良好的抑制作用。

五、家用空气调节电器篇

1. 电风扇的结构与工作原理是什么？

电风扇的结构：电机、外壳、风扇叶、开关、定时器、电容、电源线。台扇还有网罩、摇头控制开关、台扇架。其结构外形如图 14 所示。

图 14　电风扇

电风扇的主要部件是交流电动机。其工作原理是：通电线圈在磁场中受力而转动。能量的转化形式是：电能主要转化为机械能，同时由于线圈有电阻，所以不可避免地有一部分电能要转化为热能。

电风扇的工作原理：电风扇是通过控制系统来控制电机，并带动扇叶高速旋转，强制空气流动，来改善人体和周围空气的热交换条件的。

2. 电风扇能使室内的温度降低吗？

电风扇工作起来以后，室内的温度不仅没有降低，反而会升高。温度升高的原因是：电风扇工作时，由于有电流通过电风扇的线圈，导线是有电阻的，所以会不可避免地产生热量向外放热，故温度会升高。但人们为什么会感觉到凉爽呢？因为人体的体表有大量的汗液，当电风扇工作起来以后，室内的空气会流动起来，所以就能够促进汗液的快速蒸发，又因为蒸发需要吸收大量的热量，故人们会感觉到凉爽。

3. 家用电风扇的种类有哪些？

家用电风扇的种类有很多，主要有吊扇、台扇、落地扇、壁扇、转页扇等。

(1) 微风小电扇。它是专门吊在蚊帐里的，夏日晚上睡觉，一开它顿时就微风习习，可以安稳地睡上一觉，还不会生病。

(2) 声控电风扇。美国通用电器公司研制出的这种声控电风扇装有微型电子接收器，只需在不超过 3 米的地方连续拍手两次，电风扇就会自动运转；若再连续拍手三次，电风扇又会自动停转。

(3) 无噪声电风扇。日本三菱公司开发的这种几乎没有噪声的电风扇，装有特制的鸟翅状叶片，可产生一股涡动气流，且采用直流电机，不加防护罩，很适合有微机、文字处理机、复印机的场所使用。

(4) 灯头电风扇。美国发明的这种可安装在灯泡灯头上的电风扇，小巧玲珑，只要有安装灯泡的灯头就可使用，不仅安装简便，而且能节省能源。

(5) 四季电风扇。德国生产出的这种四季都能用的电风扇，配有远红外线加热器和负离子发生器，能夏季送凉风、冬季送热风，一年四季送负离子风，具有送凉取暖，净化空气，防病保健的功效。

(6) 火柴盒电风扇。法国开发出的这种微型风扇，体积只有火柴盒大小，厚度为 14 mm，长度为 62 mm，重量仅为 45 g，使用(12～24)V 的直流电，2 W 的功率，连续使用寿命可达 1 万小时。

(7) 模糊微控电风扇。日本东芝公司推出的这种高级电风扇，设有强、普通、弱等 7 级风量，可根据传感器测定的温度和湿度，自动选择最佳送风。如果有人碰到网罩，则还会自动停止转动。

(8) 防伤手指电风扇。美国罗伯逊工业公司推出两种新型风扇，只要人的手指一碰到这种电扇的外罩，就会给其控制系统传递一个电脉冲信号，使电扇停止转动，以免手指受伤。

(9) 冷气风电风扇。欧洲市场上推出了一种风扇与冰箱相结合的新型电风扇，其风扇有一个制冷机芯，机芯的中心圆筒中有混合液体，将此机芯置于冰箱中 3 小时后取出配用，即可吹出冷风，给人以有冷气吹来的感觉。

(10) 空调扇。实际上是一个装有水冷装置的电风扇。它没有压缩机，不用氟利昂，靠内置的水泵让水在机内不断循环，并将周围的空气冷却。这样，扇叶送出的风就有冷的感觉，出风口的温度一般比室温低(3～5)℃，业内人士称之为物理储能制冷。

4. 电风扇是怎样调速的？

目前普通的电风扇，调速是改变绕组匝数实现的，绕组上有多个抽头，还有一个末端，末端接电源一侧，而每个抽头就是一个挡位，接不同的挡位就有不同的速度。

现在高档电风扇大多是使用电子调速，通过 PWM 和 MOS 管的配合，实现无级调速，甚至可以实现模拟自然风。

5. 怎样选购电风扇？

电风扇的核心部分是电机，只要电机优质可靠，无论使用或修理都是可以保证的。劣质便宜的电风扇要减少成本也必须在电机上下“功夫”。按照正规设计，400 mm 台扇的铁芯叠厚应在(32～35)mm 之间，而劣质品大都只有(26～28)mm。铁芯叠厚减少了就必须增加线包的匝数，才能达到规定的阻抗，由于受线槽的限制，就只能使用更细的漆包线。原本应该用直径 0.17 mm 的漆包线就只能用直径 0.12 mm 的，结果电机的铜损和铁损都要增加，这就给电机超温埋下隐患。漆包线径越细，外表的绝缘层相对也薄，高温下就更容易引起匝间短路。为了帮助购买者提高鉴别能力，现提供几种简单的判别方法供参考：

(1) 掂量整机的重量。劣质产品的重量比同规格的正规产品轻 30%～50%。

(2) 用手摸电机前端轴承的温升。由于电机外部有塑料罩壳，不揭开罩子是摸不到电机温升的，况且短时间运行的温升不会很明显。可将两台同规格的产品相对而放，距离(1～1.5)m，使其同时在高速挡运行，由于两台电风扇的风力旋转方向相反，电机就容易发热。停机后用手指摸电机前端轴承温升，劣质电风扇的温升非常明显。

(3) 测电阻。会使用万用表的用户可以拿万用表测电风扇插头两端的电阻，劣质产品线径细、匝数多，电阻比优质产品高 15%～20%。

6. 电风扇摇头失灵怎么办？

电风扇摇摆机构的动力来自电动机转轴后端的蜗杆，经两级变速，驱使四连杆系统作往复摆动。摇头失灵主要分不摇头和摇头不止两种情况。

不摇头的原因，一是摇头受阻，是由于连杆变形弯曲造成的，这时会有“滴滴”的响声，可将变形的连杆拆下，整形后即可排除故障。二是传动失灵，使动力得不到传递，可检查牙杆、摆头盘、齿箱、离合器等，发现有脱落、有异物卡死，以及因严重磨损后不能啮合等现象，应排除或更换损坏的零件。

电风扇摇头不止的原因主要是摇控离合器或摇头控制装置中的钢丝拉线断裂或扎头松

脱引起的。钢丝断裂可更换新的钢丝软轴，扎头松脱只要重新固定套管金属头即可。

7. 怎样消除电风扇的噪音？

电风扇用久了就会产生噪音，一般是电风扇缺油所致。打开电机外盖，会发现机壳内灰尘很多。先用毛刷轻轻将灰尘拂去，再打开风扇的轴承。如果发现机油少了，加上些机油噪音就会消失；如果发现并不缺少机油，这说明噪音并不是缺油所致，而是另有其他原因，例如扇叶变形、转轴磨损、间隙过大等。

8. 空调扇的制冷原理是什么？

空调扇如图 15 所示，它实际上就是一个装备了水冷装置的电风扇，靠内置的水泵使水在机内不断循环从而将周围的空气冷却，这样扇叶送出的风就有了冷的感觉。业内人士称之为物理储能制冷。不过这种冷风降温降得很有限，充其量不过比环境温度低(3～5)℃(出风口处)，而空调器如果开足马力，出风口处的温度仅有(10～12)℃，比环境温度低 20℃都不止。这是因为空调扇同空调器相比，没有压缩机以及不用氟利昂，不能实现真正意义上的制冷。所以，我们想要利用空调扇达到恒定的清凉感觉，基本上是不可能的。

图 15　空调扇

9. 使用空调扇应注意什么？

(1) 在给水冷装置注水时，尽可能使用纯净水。因为纯净水的纯度高、细菌少，可以减少冷凝过程中细菌的滋生。水槽中的水要经常添加，使其保持在安全水位，更要定期进行更换。

(2) 空调扇长时间运行后，由于灰尘、污物的阻塞会影响到过滤网、风帘的风量和制冷效果，所以最好每两周清洗一次过滤网和风帘。

(3) 使用空调扇时，距离人不宜过近，应保持空气流通及湿度均衡。如果有必要，可以考虑配合使用一些除湿剂或除湿设施。

(4) 在购买空调扇时，还要特别注意安全问题。选购需加入冷水的空调扇时，应该再三检查水槽，确保风扇没有漏电危险。刚买来或长时间停用的空调扇，必须在使用前灌注清水，可通过水标观察水位情况，以控制加水量。此外，加水前必须拔下电源插头。

(5) 空调扇通过水冷循环的方式制冷，再加上夏天空气湿热，冷风必然会在出风口等地方产生冷凝水凝聚的情况。因而出风口等处最容易滋生细菌，而细菌又会随着冷风吹向空气中。所以，出于健康考虑，免疫力较差的老人和儿童应该尽量少用空调扇。

10. 怎样维护和保养空调扇?

使用空调扇的好处很多，但是怎样维护保养空调扇呢？方法如下：

(1) 保养。空调扇长期不用，应将水箱内的水清理干净，常温送风一段时间，让机内特别是过滤网部分完全干透再用塑料袋套上，以备再用。

(2) 清洗。空调扇经长时间运行后，会因过滤网被灰尘、污物阻塞而影响风量和制冷效果，最好每两周对其清洗一次，方法如下：① 拔掉电源。② 扭松螺丝，取下后罩。③ 拔出接线器，将过滤网和后罩一起拿开。④ 将洗涤剂和清水按一定比例混合为适当浓度的液体，并将过滤网与后罩放入装有该液体的容器内，清洗 10～15 分钟后再换上清水清洗，勿将小马达浸入水中，也勿用水冲洗小马达。⑤ 将过滤网和后罩重新安装回原处。

11. 怎样保养和存放电风扇?

(1) 清污。拆下电风扇网罩、扇叶， 先用柔软干净的布沾肥皂水将上面的污垢擦洗干净，然后用清水冲去肥皂液，最后用干布擦净晾干。注意动作要轻，不要碰撞扇叶，如果是塑料扇叶，则不能用热水擦洗，以保持扇叶原有的角度，否则将影响使用。切忌用汽油、酒精等液体擦洗部件，不然会使油漆老化、退色甚至脱落生锈。

(2) 保养。打开电机后盖， 先用干布擦去灰尘，然后往加油孔内注入十几滴缝纫机油，以滋润保养轴承，把所有开关按键保持在关的位置上，以防内部弹簧因弹性疲乏而失灵。电镀网罩可涂些自行车上光蜡，以保持光洁。凡落在塑料扇叶及网罩上的机油，一定要擦掉，以免起化学反应而使电风扇受损。

(3) 贮藏。一种办法是整体存放，就是把经过上述处理后的部件组装起来，用干净的布罩包好，放在干燥通风又不容易受碰撞的地方。另一种是分体贮存，即把各部件按次序放在原包装箱内，最好用原有的塑料垫铺平、垫稳，保护好扇叶及各部件，然后放在干燥的地方。如果是塑料电扇，存放地点要远离暖气及火炉，以免受热损坏部件。

12. 怎样保养电风扇的电机?

电风扇的电机大多采用含油轴承，这种轴承通常是粉末冶金产品。紧包在轴承外圆的油毡内应贮存大量的油，它逐渐渗入轴承内部油孔中，进行润滑。当电扇工作时，转轴与轴承之间摩擦生热，会使润滑油逐渐消耗。如润滑油得不到应有的补充，则风扇电机不能维持正常运转，会产生转速降低甚至抱死的现象，烧毁电机。通常电扇在使用期间，每1～2个月应从注油口注油1次，可采用缝纫机油或锭子油。在电风扇的减速箱中，使用的是润滑脂(即工业凡士林或钙基润滑脂)，一般3～4年需更换一次。更换时应先卸去后罩壳，拆下平衡键，再卸去齿轮箱盖，用小竹片之类轻巧的工具除去里面的旧润滑脂，然后再用干净汽油洗净，最后填入适量的新润滑脂。

13. 怎样合理使用电风扇?

中医养生学认为：“虚邪贼风，避之有时”，意思是对于自然界能使人致病的风邪，要及时避开它，这是中医养生学的一条基本原则。人是自然界的生物之一，无时无刻不与自然环境接触，对自然界发生的种种变化，人体也必然受到影响，并发生与之相应的反应。电风扇里吹出来的风，虽然与大自然的风不完全相同，但性质是一样的，使用不好，同样使人致病，那么，应该怎样合理使用电风扇呢?

(1) 吹风不宜过大。现代科学认为，室内的风速最好控制在(0.2～0.5)m/s，最大不宜超过3 m/s，因此，电扇吹风不要太大，尤其是在通风较好的房间和有过堂风的地方。

(2) 不宜对人直吹。直吹电风扇，风邪易侵入体内，尤其是在身体虚弱或大汗淋漓时，更不要只图一时痛快，让风直接吹到身上，最好让电扇朝天花板上或某一个角落吹。

(3) 睡眠时不宜吹风。我国中医学认为：“阳入于阴谓之寐”，意思是人体睡眠的过程，就是阳气进入阴分的时候。由于阳气入阴，体表阳气虚弱，不管风大还是风小，吹到身上都易使人得病。所以，不论大小电风扇，都不宜在熟睡时直接对着身体吹风。对于身体素质较好的人，在入眠前用低速风吹一会儿，也还是可以的。

14. 通电后电风扇不转或启动困难、转动无力是什么原因?

(1) 转轴卡死，加电后拨动扇叶启动困难，运转无力、有异响等。这种情况多是由于使用环境差(如油烟、灰尘、高温等)所造成的。

检查方法：在断电状态下，拨动转轴可发现转动阻力大。

处理方法：清洁电机转轴。在不拆机的情况下，可用化油器清洁喷剂对转轴部分边转动扇叶边进行去污清洗，然后加注润滑油。最佳的方法是拆开电机对转轴和轴承部分彻底清洁，然后加注润滑油，重新装配后，用木棒轻轻敲击转轴进行同心校正，使转轴灵活自如转动。

(2) 电容器损坏。电容为无极性电容，作用是将单相交流电转化为二相交流电，以产生二相旋转磁场，增大启动转矩，使转子转动。

检查方法：用万用电表 $R\times1$ k 挡或 $R\times10$ k 挡测试，有明显跳针反应，回针后其电阻应为无限大。

处理方法：对于击穿(通路)和电容量下降的情况，应更换电容。可用耐压 400 V，(1.2～1.8)μF 的无极性电容替换。

(3) 在排除上述(1)、(2)的原因后，仍转动无力，发热严重的，往往是电机绕组有局部短路的问题。

检查方法：以五线风扇电机为例，用万用表 $R\times100$ 挡或 $R\times10$ 挡测试，黑线为公共端，与红、白、蓝(调速每挡电阻差在 100 Ω左右)和黄(电容)线间的电阻应在(600～900)Ω之间。与外壳间的电阻应为无限大。

处理方法：若发现有断路或短路(电阻值明显下降)情况的，不能自行修复，只能更换电机。

15. 电风扇通电后无反应，怎样修理？

断电测插头电阻无限大(电扇竖放，定时、调速开关在接通状态)，这种情况属电路断路不通，用电表对定时器、调速开关、安全防倾倒断电开关和电机上的热保护器(部分电扇有)进行分步检测，就能很快找到故障部位，做检修、更换等相应处理即可。

16. 家用空调器主要有哪些种类？

家用空调器如图 16 所示，它的种类很多，按功能可分为冷风型、热泵型、电热型和热泵辅助电加热型空调器；按结构形式可分为窗式空调器、壁挂式空调器、柜式空调器、嵌入式空调器；按电源要求可分为单相和三相；按压缩机工作频率形式有定频和变频两类；按操作控制方式可分为手动、线控和遥控等。

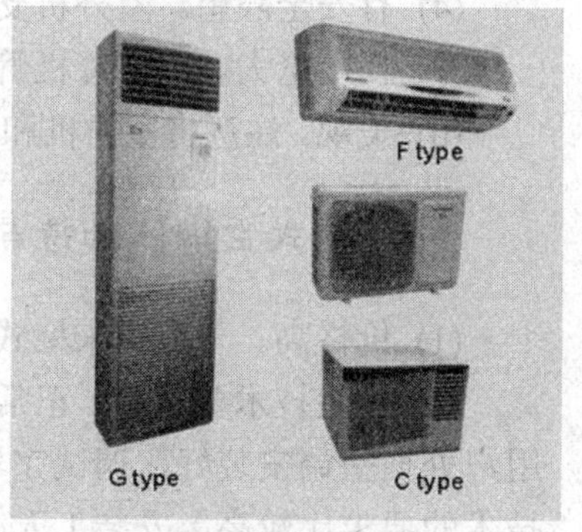

图 16　家用空调器

17. 空调器型号表达的含义是什么？

KFR-25 GW/C(F)：K 表示空调；F 表示空调为分体式(内外机分开)；R 表示热泵式(单冷式空调省去不写)；25 表示空调制冷量为 2500 W；G 表示内机为分体挂机；W 表示外机；C 表示改进序号；最后的 F 表示负离子功能。

18. 空调器的制冷量怎样表示？

空调器在进行制冷(热)运行时，单位时间内从(向)密闭的房间、空间或区域内除去(送入)的热量称为空调器的制冷(热)量，用瓦(W)表示。

我国空调器国家标准没有使用“匹”作为制冷量的单位。空调器的“匹”是指压缩机的输出功率为 750W 左右时为 1 匹机，2 匹机的输出功率即为 1500 W 左右。折算下来，1 匹机的制冷量约为(2200～2500)W，如春兰牌 KFR-23GW/VH1 即为 1 匹机，KFR-50LW/VH1d 即为 2 匹机。

19. 分体式空调器的特点是什么？

(1) 安装麻烦。分体式空调器需要分别在室内外安装，工作量大，操作也比较困难，技术性较强。

(2) 维修量大。由于分体式空调器室内机与室外机由 2 根管子连接，有 4 个接口，因此，制冷剂泄漏的可能性大，往往使用 2 年到 3 年后，就需要灌注制冷剂。

(3) 噪音低。由于分体式空调器将压缩机和冷凝器风扇一起安装于室外，墙壁隔离了这些噪音源，因此噪音较小，往往感觉不到。

(4) 有安全隐患。室外机支架易锈蚀，存有安全隐患。

(5) 耗电量大。因制冷机管路长，冷量损耗较大。

(6) 美观。注意将室内机和室外机连接的管子妥善埋于墙内，以保持住宅的整体美观性。

20. 柜式空调器的特点是什么？

(1) 价格高。一般说来柜式空调器的价格比分体式空调要高。

(2) 安装技术要求高。正常情况下，空调出厂后只是完成了一半的半成品，必须在最终用户处把空调安装好，调试完毕以后，一部空调才能算是合格的成品。柜式空调器对安装技术的要求比较高，安装工人必须经过正规的技术培训才能上岗，安装不好不但空调的噪音大，而且影响空调的使用寿命。

(3) 占用面积大。柜式空调器一般都需要比较大的室内面积，它需要放在房间中占用一定的空间，同窗式和分体式空调器只安装在墙上和窗上相比，它不适宜在小房间中使用。

(4) 具有一定的装饰性。近两年，空调生产厂家正在逐步改变空调是白色家电的概念，一些厂家开始在柜式空调器的面板上安装灯箱和风景画，通电后使空调变得五光十色，十分漂亮。

(5) 耗电量大。柜式空调器的功率都比较大，一般在 2 匹以上，工作后对电路的要求比较高，截面小的电线和小电表往往都不能满足需要，最好能使用铜芯电线和 20 A 以上的电表，以避免可能存在的隐患。

21. 什么是家用中央空调？

家用中央空调又可称为户式中央空调、户用中央空调，它是介于传统中央空调和家用房间空调器两者之间的一个空调新领域，是随着人们住房条件的改善和生活质量的提高而逐渐发展起来的一种空调新潮流。其制冷量范围大致在(7～80)kW 或更大，相应的可供单元住房面积为(80～600)m^2，或更大面积的别墅公寓、复式公寓、小型办公楼等使用。

家用中央空调的优点有很多。从使用功能上讲，一台家用中央空调相当于几台分体式和柜式空调器，其整机用电量小于每个房间装一台空调的用电量之和。而家用中央空调的效果却比装几台的效果好。从用电费用看，家用中央空调的耗电并不会比分体式、柜式空调器多很多，且在冬天使用时的电费远比供暖费低得多。

22. 变频空调器的工作原理是什么？

一般空调器由于压缩机电机转速是固定的，所以当系统参数确定后，它的制冷(热)能力是固定的。而变频空调器采用了变频压缩机，转速的变化与频率成正比，当变频空调器通过变频控制器转变频率后，电机转速随之变化，从而制冷(热)能力也发生变化。因此变频空调器可以根据房间的冷热负荷来自动调整制冷和制热能力，负荷大，就能力大些，负荷小，就能力小些。

变频空调器的关键部件是变频电源。就是在机组内装有一个变频器，利用变频调速技术，通过变频器改变电源频率的方式来控制压缩机、风扇电动机等的转速，从而控制空调器的制冷量和制热量。

23. 变频空调器的优点是什么？

(1) 采用低频启动，启动电流小，对电网干扰小、节能。

(2) 能快速制冷、制热，且制热功能较强，受外界气温影响较小。

(3) 启动后长期运转，温控精度高达±0.5℃(一般定频空调器的温控精度只能达到±1.5℃)。

24. 变频空调器与普通空调器的主要区别是什么？

普通空调器的压缩机是在特定的转速(定速)下工作的。而制冷量与压缩机的转速呈正比，因此，在固定的压缩机转速条件下，只能利用温度控制器在其上限和下限温度值时接通、关断电源的方式，使制冷压缩机工作和停止以维持恒温。由于起动力矩一般都大于运行力矩，机器这样频繁的启动，就会有额外的电力消耗，又会加剧运动部件的磨损。

变频空调器采用了电力电子技术，利用房间温度与设定温度的差值作为连续控制信号，输入到变频器，它靠变频器改变压缩机的供电频率，从而改变压缩机的转速，使空调器能根据周围环境实际需要提供适量可变的制冷或制热量。在维持设定温度的稳定运行中，压缩机处于连续低速的运行状态。这有益于延长压缩机的使用寿命。

25. 如何选购空调器？

大致说来，用户要考虑的因素有：经济因素、功能因素、型式因素、空调房间的大小、密封程度，使用者的年龄、健康状况、生活习惯、用户的供电状况等等。如窗式空调器价格低、结构简单、性能可靠，壁挂式空调器外形美观，可作为居家的装饰，但价格较窗式空调器要高。多大房间需要购买多大制冷量的空调器呢？一般情况可按(150～200)W/m^2 来估算，例如 16 m^2 的居室可使用 KFR-32GW/VH1 型壁挂式空调器。

总之，购买空调器要根据用户的实际情况权衡多方面的因素，这样才能选到适合用户实际并满足用户需要的空调器。用户在选购空调器时应注意以下几点：

(1) 型式的选择。一般来说，窗式空调器具有安装较方便、体积小、重量轻、价格低等优点，适用于小房间使用，但噪声比较大。分体式空调器噪声小、结构新颖，但安装比较麻烦，价格比较高，适用于要求比较高的场所。冷风型空调器没有制热功能。电热型空调器耗电量太大，家用不太合适，应限制使用。热泵型空调器一般能够满足制热量要求不太高，环境温度高于–7℃的场合下使用。

(2) 制冷量的选择。应根据房间的面积、房间的密封情况、房内人员的多少、房内产生热量的大小、开门次数和阳光照射程度等而定。对一般舒适性空调，以室内温度 27℃、相对湿度为 50%～70%的要求，按每平方米(150～200)W 的制冷量来计算制冷负荷，选择空调器。

(3) 空调器的质量选择。

① 要求造型美观大方。

② 蒸发器、冷凝器的肋片要求排列整齐，间隙均匀，没有“倒塌”现象。

③ 要求制造工艺水平高，热效率大。

④ 空调器运行时，要求噪声小、振动小，风扇运转高低速分明，高低压启动性能好，温控器控制温度正常。热泵型空调要求制冷、制热均能正常进行。

(4) 尽量选购名牌产品。生产名牌产品的企业，其规模和产量较大，生产管理较严，一般都通过 ISO9000 质量管理体系的检查和认证，能有效地保证产品质量的一致性和可靠性。另外这些企业售后服务较好，有上门维修的承诺，可解除用户使用空调器的后顾之忧。

(5) 最好在大商场或空调专卖店购买。这些商家注重进货渠道，产品质量有保证，并有专业售后服务人员。

(6) 要注意产品的安全认证标志。空调器上应贴有中国国家强制性产品认证标志 3C 标志，它表明产品的安全质量已通过认证，有保证。

26. 变频空调器是怎样节能的?

(1) 变频空调器采用了先进的变频技术，在刚开机时，机组通常在低频低速运转状态下启动，然后很快从低速转入高速运行，达到所设定的室内温度。随后，能较长时间地维持在低速运行状态，保持室温基本不变。由于压缩机在低速小电流状态下启动，启动时功耗小。压缩机长时间处于低速运行时，可以在一定程度上改善运行工作状况，降低冷凝压力，也可以减少一些功耗。

(2) 变频空调器的节能主要是避免了频繁启动，节省了电动机频繁起动所需的电能消耗，节约了能源。

(3) 变频空调器在制冷系统中采用了电子膨胀阀节流，可以配合压缩机随时调节供液量，使空调器工作在高效的制冷(热)工作状况下，提高了制冷(热)量，达到节电的目的。

(4) 变频空调器采用 PWM(脉冲宽度调制)调节方式，功耗比普通空调器低。

(5) 变频空调器化霜时不用停机，减少了普通空调器化霜时工作状态之间转换时消耗的电能。

27. 使用空调器应注意什么?

(1) 为使室内外机组的进风口和出风口保持畅通无阻，请不要在空调进、出风口放置任何杂物。

(2) 请不要把水直接泼在室内机上，以免造成机器的损坏。

(3) 为避免造成机器的损坏，危及人身安全，请不要将任何油漆或杀虫剂喷涂在机器表面上。

(4) 空调长时间不使用时，请一定要切断空调器电源。

(5) 空调插座必须配有地线，以保证空调器通过空调插座有效接地，不接地或接地不完全，有可能发生触电危险。

(6) 在晴天将空调设为送风状态，开机运转半天左右，使空调内部完全干透；将滤尘网、室内机、室外机清洗干净。

(7) 经常清洗空气过滤网。一般 2～3 个星期清洗一次。步骤是：拆下面板；抽出空气过滤网；清洗空气过滤网。将空气过滤网放在自来水龙头下冲洗，由于过滤网采用塑料框与涤纶丝压制而成，所以不可用 40℃以上的热水清洗，以防止收缩变形。清洗后可将过滤网上的水甩干，插入面板，装好空调。

(8) 保护冷凝器与蒸发器的散热片。冷凝器与蒸发器的散热片是用 0.15 mm 的铝片套入铜管后胀管而成，不易受到碰撞，若损坏了散热片(倒片)，就会影响空调的散热效果，使制冷效率减低。因此，要特别注意保护好它。

(9) 保护好制冷系统。若损坏了制冷系统的部件或连接管路，就会使制冷剂泄漏，空调器就不能制冷。

(10) 正确选用熔断丝(保险丝)。按产品说明书标明的额定电流来选择熔断丝的规格，过大起不到保险作用，过小则常会熔断。

(11) 空调的手控开、停操作时间，应隔 2 分钟以上，不能连续开机、停机。

(12) 防止电气系统受潮。电气系统受潮后易漏电。所以电气系统部位切忌进水，特别是伏天、梅雨季节，更要注意防潮。

(13) 要经常检查电源插头与插座的接触是否良好，有无松动或脱落。

(14) 注意空调的运行声音。当听到空调在运行时有异常杂声，如金属碰撞声、电机嗡嗡声、外壳振动声等，应立即关机检查原因，切不可盲目继续使用，以免出现更大的损坏。

(15) 经常擦拭空调的外表面，特别是面板部分，以保持空调的清洁。每隔半年对室外冷却器用长毛刷清洗一下灰尘。每年拆下机芯，对风扇电机轴承注入适当的润滑油，制冷系统不必处理，只要清除外表污垢即可。

28. 空调器在使用前应怎样保养？

为保证空调的正常使用，在使用季节开始前，请按照以下方法对空调进行保养：

(1) 检查室内和室外机组的进风口、出风口有无障碍物，以免降低空调的工作效率。

(2) 安装好滤尘网，避免灰尘进入机器内部而损坏机器或引发故障。

(3) 遥控器的清洗要用干布，不要用含有玻璃清洗剂或化学物质的布，清洁后要装入两节型号相同的新电池。

29. 使用空调器时，为什么不宜选择过低或过高的温度？

使用空调器时，夏天不宜选择过低温度，冬天不宜选择过高温度，主要是为了人体的健康，温差过大，忽冷忽热容易导致身体不适；会导致耗电量的增加，不利于节能环保；也会使压缩机的负荷过重，对压缩机有损害。

30. 为什么要定期清洗空调器的过滤网？

定期清洗空调器的过滤网目的是防止细菌繁殖。防止滤网堵塞，造成使用效果差和室内空气的污染。

31. 如何正确清洗过滤网？

(1) 首先应切断电源，再打开进风栅。

(2) 取出过滤网，用水或吸尘器清洗过滤网，水温不要超过 40℃，用热的湿布或含有中性洗涤剂的布清洗，然后用干布擦净。

(3) 请不要用杀虫剂或其他化学洗涤剂清洗过滤网。

32. 夏季使用空调器，但室内温度仍居高不下的原因可能有哪些？

(1) 亏氟造成的制冷效果差。

(2) 室外机翅片过脏堵塞或窝风空气短路。

(3) 室内机由于长时间运转，环境潮湿，微生物繁殖造成肋片堵塞。

(4) 环境温度超出设计运转条件的最高限。

(5) 设定温度过高。

(6) 选型时制冷量过小。

33. 变频空调器使用的禁忌有哪些？

(1) 变频空调器不能长时间工作在最大制冷量状态。最大制冷量是指该空调器在规定面积的房间里短时间内可以达到的最大制冷量。用户在选购时不能以最大制冷量为标准，而应根据房间面积，确定所选变频空调器的功率，尽量避免超面积使用，这样不但可避免空调器因超负荷运转而损坏，而且可以充分发挥其高效、节能的优点。

(2) 变频空调器的室外机应安装于干燥、通风处，避免日光曝晒与雨淋。变频空调器的室外机中设有微电脑控制的变频器，其电路板在高温及潮湿的环境中较易损坏。如果开机后出现室外机自动停机现象，应及早关机，并通知维修单位尽快修理，以免故障扩大造成更大的损失。

(3) 日常使用时，不要将温度设置得过低，以避免空调器长期处于高速运行状态而影响使用寿命。最好设置在自动方式挡位，这样既能快速制冷，又能节电。

34. 如何预防“空调病”？

空调病主要发生在中央全封闭式空调环境中，家用空调中也较常见。这是因为在封闭或相对封闭的空调环境中，空气流动性较差，造成室内空气中氧气的含量不断降低，同时室内建筑材料挥发的有毒气体，以及吸烟产生的烟雾等难以通过空气对流释放到室外，导致室内空气质量不断下降。另外，房间密闭性强，阳光照射不足，室内温度、湿度特别适合病菌的繁衍、生存，室内病菌大量繁衍对人体健康构成了严重的威胁。

空调病的症状一般表现为下肢酸痛无力、头痛头昏、疲劳失眠、血压升高、心跳加快、关节炎、咽喉炎等。为防止空调病，专家提醒家用空调不要24小时连续开机，不要全天候关闭窗户，地毯、床单、沙发罩要经常清洗，具体做法如下：

(1) 长时间在有空调的写字间办公，应适当增添穿脱方便的衣服，膝部覆盖毛巾等予以保护，同时注意间歇时站起进行活动，以增进末梢血液循环。下班后，洗个温水澡，自行按摩一番，效果会更好。

(2) 室温宜恒定在26℃左右，室内外温差不可超过7℃，否则出汗后入室，将加重体温调节中枢的负担。尽量保持室内清洁，减少疾病污染源。

(3) 经常开窗换气，以确保室内外空气的对流，开机1～3小时后关机，然后打开窗户将室内空气排出，更换新鲜的空气。有条件的地方可使用空气净化设备，如亚都、科技、卓越等空气净化器，能有效地滤去建材中的有毒气体和室内滋生的病毒。

(4) 室内空气流速应维持在20 cm/s左右，办公桌切不可摆在冷气直吹处，因为该处空气流动，温度还将降(3～4)℃。

35. 空调器能够工作，但制冷系统不制冷的原因是什么？

空调器能工作，是指压缩机和风机能启动运转，但没有冷风吹出。此类故障的原因有：

(1) 制冷系统存在严重的脏堵现象，应及时清除。

(2) 制冷系统存在严重的冰堵现象。

(3) 压缩机高、低压阀片损坏或纸垫击穿，制冷系统难以形成高压与低压，因而不能制冷。

(4) 制冷剂漏完或严重不足。

36. 空调器能工作，但制冷量不足的原因是什么？

(1) 制冷剂泄漏。

(2) 制冷系统脏堵或冰堵。

(3) 温度控制器控温参数变值。

(4) 过载保护器参数变值。

(5) 四通换向阀内部泄漏。

(6) 空调器修理后，更换的毛细管过长或过短，内径过大或过小，导致制冷剂流量变大或变小，影响制冷效果。

(7) 制冷系统内残留空气或其他不凝性气体，造成高压过高。

(8) 冷凝器或蒸发器中存有润滑油或污物，热交换效果变差，制冷量下降。

(9) 风扇不转或转速太慢，循环风量不足。

(10) 空气过滤网沾满灰尘污物，或环境温度太高，影响传热，致使制冷量下降。

(11) 水冷式冷凝器冷却水量不足，水温过高，冷却管壁上结满了水垢。

(12) 蒸发器肋片倒塌或风道有障碍物堵塞。

(13) 蒸发压力调得太低，蒸发器上结满了冰霜，影响空气循环和热交换，室内温度不易降下来。

(14) 新风门或污染空气排出门关闭不严，冷量外泄。

(15) 空调器安装不当，箱体四周有跑冷现象；受太阳照射，或者离热源太近。

(16) 房间太大，或室内有热源，超过空调器的热负荷。

(17) 空调房间的房门频繁开关或门、窗有缝隙，冷量外泄较多。

(18) 空调器的额定制冷量过小或实际制冷量负偏值太大。

用户可针对不同的原因，采取不同的维修方法。

37. 空调器在制热时，未达到设定温度就停机，应怎样解决？

遇到此种情况，请认真检查是否存在以下问题：① 设定温度与房间温度温差过小。② 房间面积是否过小，与空调制热量不匹配。③ 出风口是否有挡风物体。④ 挂机导风板水平送风，造成热气流上升，应设置为水平向下方向。

38. 空调器出现不开机现象，应怎样解决？

出现此种情况请首先检查以下几处：① 电源是否有电。② 电源插头是否接触良好。

③ 遥控器电池是否有电，如电量不足，发射信号较弱，室内机接收不到。④ 遥控器距离接收器是否过远，或者角度过偏未对准接收器。若以上几项经检查均无问题，请联系厂家，厂家会安排专业技术人员来上门服务。

39. 空调器的遥控器出现乱码或屏幕定格，应怎样解决？

请用一细尖状物体伸入复位键的小孔内按一下，或将电池取出再放入，这样遥控器就可以正常使用了。

40. 加湿器有哪些种类？

加湿器如图 17 所示，其可分为等焓加湿与等温加湿两大类，像超声波、湿膜、高压喷雾、离心加湿器都属于等焓加湿；电热、干蒸汽、红外线等都属于等温加湿。等焓加湿会改变空气温度，所以会感觉到温度降低，其实等焓加湿并不是直接将水蒸气输送到空气中，它是将水用物理方法打成很小的水滴(1 μm～5 μm 的超微粒子)，送到空气中进行二次蒸发，因为蒸发是要吸收热量的，所以人们会误解成水蒸气是低温的，其实等焓加湿都会使温度降低。等温加湿不会改变温度，蒸汽一般都是常温的。

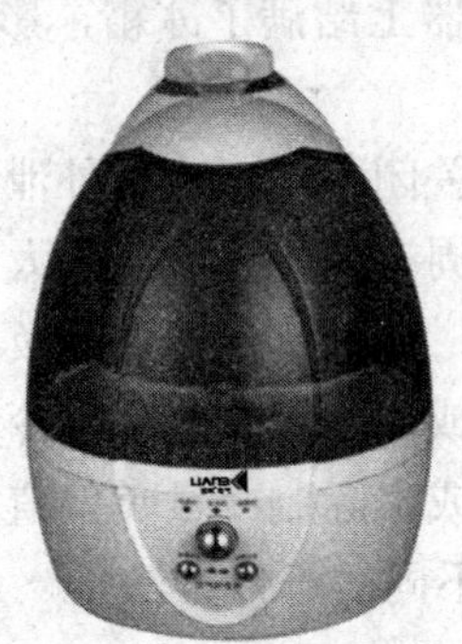

图 17 加湿器

41. 使用加湿器的注意事项有哪些？

(1) 初次使用应在室温条件下放置半小时后再开机使用。

(2) 使用环境温度(10～40)℃。

(3) 使用温度低于 40℃的清洁水清洗。

(4) 机器工作时远离其他家电产品。

(5) 请勿在水中加入非专业生产的添加剂。

(6) 请勿将加湿器放置于空洞的物体上，以免产生同频共振噪音。

(7) 请勿在无水状态下开机。

42. 什么是负离子?

空气离子对人体健康有一定的影响。大气中的离子可以分为三大类：

(1) 轻离子。它是由若干个中性分子组成的带一个电荷的集合体。带负电荷的轻离子通常称为负离子；带正电荷的轻离子称为正离子。

(2) 中离子。它也是一个很小的带电微粒，包含100个左右的气体分子。

(3) 重离子。它是一个较大的带电微粒，比轻离子大1000倍左右。

空气中的重离子易收集和排除，空气净化处理后数目很少。对空调工程有意义的是轻离子和中离子。因为室外空气中一般都有少数轻离子，而城市中由于空气被污染，常常缺乏轻离子，从而使中离子在空气中占主要成分。空调房间中一般要求要有少数的轻离子，特别是负离子。因为负离子可以对人体的神经系统起镇静作用，促进消除疲劳，并有抑制哮喘、降低血压的作用。而轻离子寿命很短，在空气加热、冷却和过滤过程中，轻离子与金属表面接触后就会很快消失。因此如不采取措施，空调房间的轻离子密度会比室外少一半。为了改善卫生条件，在空调房间应设置负离子发生器。

43. 什么是负离子发生器?

受自然现象的启示，人们开始用人工的方法产生负离子，释放到周围的空气中，净化空气，改善人们的生活环境。这种用人工产生空气负离子的设备就称为负离子发生器，如图18所示。

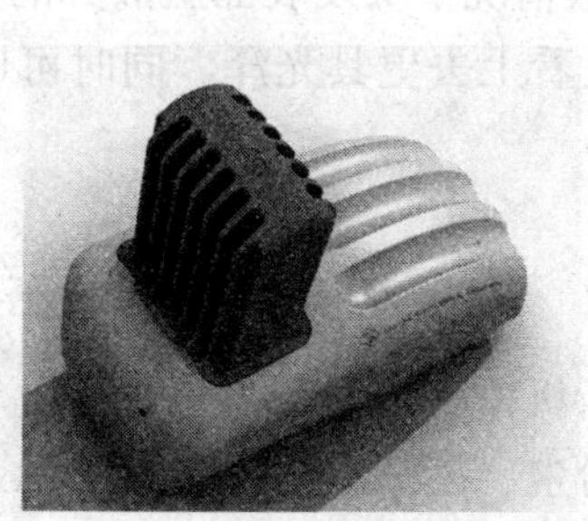

图18　负离子发生器

产生负离子的方法有很多，最常用的方法是电晕放电法。它是通过负离子发生器利用脉冲、振荡器将低电压升至直流负高压，利用碳毛刷尖端的直流高压产生高电晕，高速地放出大量的电子(e^-)，而电子并无法长久存在于空气中(存在的电子寿命只有 ns 级)，立刻会被空气中的氧分子(O_2)捕捉，形成负离子。它的工作原理与自然现象“打雷闪电”时产生负离子的现象相一致。

44. 负离子发生器的主要作用是什么?

(1) 制造活性氧。负氧离子能有效激活空气中的氧分子，使其更加活跃而易被人体所吸收，有效预防“空调病”。

(2) 改善肺功能。人体吸入携氧负离子后，肺可增加吸收 20%的氧气，而多排出 15%的二氧化碳。

(3) 促进新陈代谢。激活肌体多种酶，促进新陈代谢。

(4) 增强抗病能力。可改变肌体反应能力，活跃网状内皮系统的机能，增强肌体免疫力。

(5) 改善睡眠。经负氧离子作用，可使人精神振奋，工作效率提高，还可改善睡眠，有明显的镇痛作用。

(6) 杀菌功能。负离子发生器在产生大量负离子的同时会产生微量臭氧，二者合一更易吸附各种病毒、细菌，使其产生结构的改变或能量的转移，导致其死亡。除尘灭菌，减轻二手烟的危害更有效，环保健康。

(7) 清新空气、消烟除尘。带负电荷的负离子与漂浮在空气中带正电荷的烟雾粉尘进行电极中和，使其自然沉积。

(8) 保护视力的作用。中和电视、电脑的高压静电，在其前面形成一层负离子保护层有效减少电视、电脑产生的高压静电对眼睛的伤害，有效预防近视，同时减少灰尘对电视、电脑的损害。

(9) 负离子可以加强头发的保湿度。一般情况下头发表面呈散开的鱼鳞状，负离子可以使头发表面散开的鱼鳞状收复，从而使头发看上去更具光泽，同时可以中和头发之间存在的静电，防止头发开叉。

45. 什么是空气净化器?

空气净化器(又称空气清洁器、空气清新机)，是指能够吸附、分解或转化各种空气污染物(一般包括粉尘、花粉、异味、甲醛之类的装修污染、细菌、过敏原等)，有效提高空气清洁度的产品，如图 19 所示。

图 19　空气净化器

46. 空气净化器有哪些主要类型？

(1) 过滤吸附型。利用多孔性滤材，如无纺布、滤纸、纤维、泡棉等(目前吸附能力最强的滤材为 HEPA 高密度空气滤材)，对空气中的悬浮颗粒、有害气体进行吸附，从而净化空气。

(2) 静电集尘型。通过电晕放电使空气中污染物带电，利用集尘装置捕集带电粒子，达到净化空气目的。

(3) 复合型。同时利用过滤和静电除尘方式，净化空气。

47. 如何选购空气净化器？

(1) 选择滤材。好的过滤材料(目前世界公认最好的 HEPA 高密度滤材)吸附 0.3 μm 以上污染物的能力高达 99.9%以上；如果室内烟尘污染较重，可选择除尘效果较佳的空气净化器。

(2) 净化效率。房间较大，应选择单位净化风量大的空气净化器。例如 15 m^2 的房间应选择单位净化风量在 120 m^3/h 的空气净化器。

(3) 使用寿命。随着净化过滤胆趋于饱和，净化器的吸附能力将下降，所以应该选择具有再生功能的净化过滤胆(含高效活性催化碳)，以延长其寿命。

(4) 房间格局。空气净化器的进出风口有 360° 环型设计的，也有单向进出风的，若在产品摆放上不受房间格局限制，则应选择环型进出风设计的产品。

(5) 考虑需求。根据需要净化的污染物质种类选择空气净化器，HEPA 对烟尘、悬浮颗粒、细菌、病毒有很强的净化功能，催化活性炭对异味、有害气体净化效果较佳。

(6) 售后服务。净化过滤胆失效后需到厂家更换，所以应该选择售后服务完善的厂家生产的产品。

48. 什么是无扇叶风扇？

无扇叶风扇也叫空气增倍机，其外形如图 20 所示，它能产生自然持续的凉风。无扇叶风扇的创作灵感源于空气叶片干手器。空气叶片干手器的原理是迫使空气经过一个小口来“吹”干手上的水，空气增倍器使用了最新的流体动力工程技术，通过高效率的无刷电机，让空气从一个 1.0 mm 宽、绕着圆环放大器转动的切口里吹出来。由于空气是被强制从这一圆圈里吹出来的，通过的空气量可增至原来的 15 倍，它的时速可达到 35 km/h。空气增倍器产生的空气流动比普通风扇产生的风更平稳。它产生的空气量相当于目前市场上性能最好的风扇。因为没有风扇片来切割空气，使用者不会感到阶段性冲击和波浪形刺激。它通过持续的空气流让人感觉更加自然的凉爽。无扇叶风扇的能耗较低，约为普通风扇的1/2，也比传统电扇安全，但价格较高。

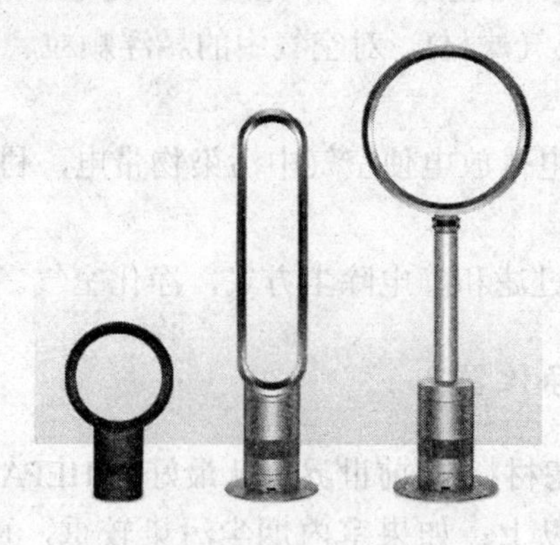

图 20　无扇叶风扇

六、家用制冷电器篇

1. 电冰箱有哪些类型?

电冰箱(简称冰箱)如图 21 所示，它主要有三种分类方式，分别是按冰箱内冷却方式分类、按电冰箱的用途分类、按气候环境分类。

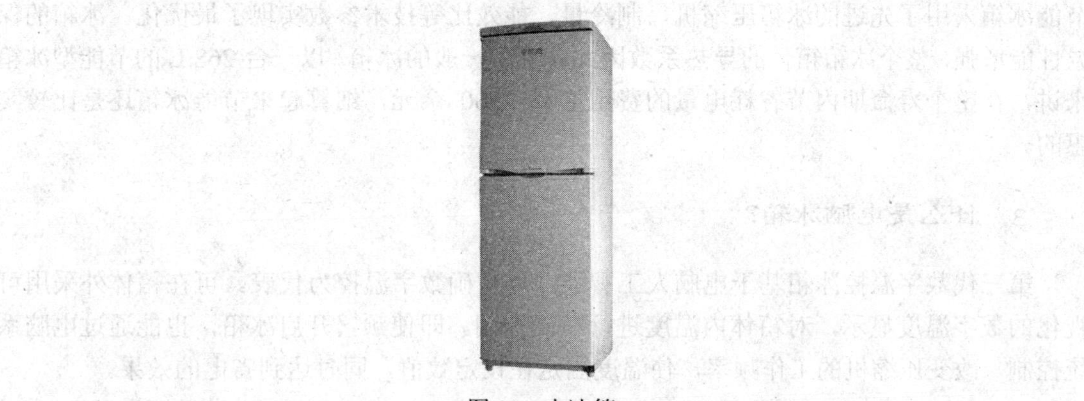

图 21　电冰箱

(1) 按冰箱内冷却方式分类。

冷气强制循环式：又称间冷式(风冷式)或无霜冰箱。冰箱内有一个小风扇来强制箱内空气流动，因此箱内温度均匀、冷却速度快，使用方便。但因具有除霜系统，耗电量稍大，制造相对复杂。

冷气自然对流式：又称直冷式或有霜电冰箱。其冷冻室直接由蒸发器围成，或者冷冻室内有一个蒸发器，在冷藏室的上部另设有一个蒸发器，由蒸发器直接吸取热量而进行降温。此类冰箱结构相对简单、耗电量小，但是需手动除霜。

冷气强制循环和自然对流并用式：此类形式的电冰箱近年来在新产品上较多采用，主要是同时兼顾风冷、直冷冰箱的优点。

(2) 按电冰箱的用途分类。

冷藏箱：该类型电冰箱至少有一个间室是冷藏室，用以储藏无需冻结的食品，其温度应保持在0℃以上。该类型电冰箱可以具有冷却室、制冰室、冷冻食品储藏室、冰温室，但是没有冷冻室。

冷藏冷冻箱：该类型电冰箱至少有一个间室为冷藏室，一个间室为冷冻室。

冷冻箱：该类型电冰箱至少有一间为冷冻室，并能按规定储藏食品，可有冷冻食品储藏室。

(3) 按气候环境分类。

分为亚温带型(SN)、亚热带型(ST)、热带型(T)。

2. 什么是节能冰箱?

随着能效比标识的实行，使节能成为各品牌宣传的一个重点，冰箱节能成为一个特点。节能冰箱采用了先进的冰箱压缩机，制冷量、能效比等技术参数实现了最优化，冰箱的保温性能增强，整个冰箱箱体的导热系数因此就优于一般的冰箱。以一台268 L的节能型冰箱来讲，在整个寿命期内节省耗电量的费用达到 2300 余元，细算起来节能冰箱还是比较实惠的。

3. 什么是电脑冰箱?

第三代数字温控冰箱基于电脑人工智能，以精确数字温控为代表。可在箱体外采用可视化的数字温度显示，对箱体内温度进行精确控制。即使频繁开启冰箱，也能通过电脑系统控制，改变压缩机的工作频率，使温度固定在设定数值，同时达到省电的效果。

4. 什么是无氟冰箱?

有氟冰箱是使用“氟利昂11”和“氟利昂12”来做发泡剂和制冷剂的冰箱。无氟冰箱正确的称法应为无“CFC”冰箱，是指冰箱中不含氟氯烷，一般采用“R-134a”或“R600a”作制冷剂，并且对系统内的润滑油、密封材料等进行了革命性的改革，采用先进的生产工艺，确保制冷效果。

5. 电冰箱上产品型号说明处的各种参数是什么意思?

产品型号说明主要包括电冰箱容积、产品气候类型、冷冻室星级标志、耗电量、能效等级、制冷剂、外形尺寸等参数。下面介绍几个比较重要的参数：

(1) 电冰箱的总有效容积。是指电冰箱关上箱门后冷藏室、冷冻室(其中包括制冰室、菜果贮藏室等)的可供贮存食品的总有效容积，单位以英文字母“L”(升)来表示。

(2) 电冰箱使用时的气候类型。由于电冰箱的主要功能是制冷，所以不同地域的气候环境对电冰箱的制冷能力的影响也是不同的。如表2(国家标准)所示：

表2 电冰箱在不同气候类型下的环境温度

气候带类型	字母标注	环境温度/℃
亚温带	SN	10～32
温带	N	16～32
亚热带	ST	18～38
热带	T	18～43

(3) 电冰箱冷冻室的星级符号标志，如表3所示。

表3 电冰箱冷冻室的星级符号标志

星级	符号	冷冻室温度/℃	大约保存食品时间
一星级	*	≤−6	1星期
二星级	**	≤−12	1个月
三星级	***	≤−18	3个月
四星级	****	<−18	3～6个月

注：四星级电冰箱的温度同三星级电冰箱，第四个星为冷冻星，表示该电冰箱具有速冻功能。

(4) 制冷剂。又称冷冻剂，它是制冷系统中完成工作循环的工作介质，有的人称它为“雪种”。目前世界上多数国家均采用美国供暖制冷空调工程师协会标准的规定来命名制冷剂，用英文单词制冷剂“Refrigerant”的首写字母“R”作为制冷剂的代号。例如：“R600a”。

(5) 其他参数。

① 绿色产品主要是指在生产、使用和报废处理过程中对环境无污染的产品。

② 绿色冰箱系列中的无氟冰箱：正确的称法应为无“CFC”冰箱，是指冰箱中不含氟氯烷这种对大气臭氧层有严重破坏力的物质，具体说就是冰箱的制冷剂不使用“CFC12(R12)”，并且箱体泡沫绝热层的发泡剂不使用“CFC11(R11)”。

6. 选购电冰箱的时候应该注意哪些事项?

首先，我们要看冰箱的箱体和箱门的四周应平直，装配应牢固，箱门不得歪斜，其转动轴与轴销之间的间隙配合良好，用手推拉箱门时，应手感灵活。冰箱表面涂层(喷漆或喷粉)的色泽应均匀、光亮，不应有麻点、锈蚀、碰伤或划伤的痕迹。电冰箱的电镀件应光亮、细密，不应有镀层脱落等情况。箱门、箱体和门襟等接触处，发泡液不得外漏。

目测一下电冰箱的门封条与箱体是否平整严密。温度控制器的旋钮应转动灵活。化霜按钮按下再释放后应能迅速弹回原位。此外还可对照电冰箱的使用说明书看冰箱的附件是否齐全。

另外，我们可以通电检查电冰箱的制冷性能和电气性能。将电冰箱内温度控制器旋到“停”的位置，接通电源，检查灯开关和照明灯。当打开箱门时，照明灯应亮，箱门接近全关时应熄灭。然后将温度控制器调到强冷点位置，电冰箱的压缩机即开始运转，检验一下电冰箱的各电器部件是否正常工作。

最后，当检查电冰箱的制冷性能时，可听到压缩机发出的轻微的运转声，间冷式电冰箱则可听到风机旋转时微弱低沉的转动声，当用手摸电冰箱的箱体时，可有微微振动的感觉。

7. 电冰箱有电磁辐射吗？

很多人喜欢将冰箱放在客厅里，其实这是非常不科学的。冰箱工作时是个高磁场，如果冰箱与电视共用一个插座，冰箱在运转时，电磁波会导致电视的图像不稳定，这说明冰箱的电磁波是比较大的。

解决方法是，冰箱要放在厨房等不经常逗留的场所；尽量避免在冰箱工作时靠近它或者存放食物；经常用吸尘器把散热管上的灰尘吸掉。

8. 如何正确使用电冰箱？

(1) 肉类的存放。冷藏肉不用清洗，带盒直接放在冷藏室较冷处即可；而普通肉则要好好清洗，切成合适于餐用的块、丝或片，分别装在冷藏盒或保鲜袋中封好，把长时间不吃的食物放在冷冻箱里，次日要吃的放在冷藏室下层。肉不可反复化冻，否则食物营养成分损失极大。

(2) 蔬菜的存放。蔬菜水果购买来的时候往往带有污物和泥土，其中可能藏有大量微生物，容易污染冰箱内的其他食物，造成交叉污染。因此，蔬菜和水果应先清洗干净、甩干水分，用清洁的保鲜袋装好，用保鲜膜封好，或者放进密封容器，让它们彼此隔离，擦干净后再放进冰箱保存。

(3) 生熟食的存放。在冰箱中生熟食物宜分开，熟食应放入加盖的容器中存放，避免细菌交叉感染。

(4) 保鲜膜有害。使用聚氯乙烯材质制成的保鲜膜，经过长时间的包裹，食物中的油脂很容易将保鲜膜中的增塑剂“乙基氨”溶解，该增塑剂对人体内分泌系统有很大的破坏作用，会扰乱人体的激素代谢。因此买回家的熟食就应该把保鲜膜撕掉，或者在覆盖保鲜膜时，尽量别把食物装太满，以防食物接触到保鲜膜。

(5) 冷冻过的菜加热后再吃。无论是凉菜还是热菜，在经过用筷子搅拌、唾液混杂后，使得微生物在温热的菜肴中迅速繁殖，因此存放于冰箱内的食物必须烧透后再食用，以杀灭可能因污染而带入的致病菌，防止病从口入。

(6) 化冻后食品不宜再存放冰箱。经化冻的肉类和鱼等不宜再次置入冰箱保存，因为化冻过程中食物可能受污染，微生物会迅速繁殖。

(7) 冰箱也需要呼吸和消毒。冰箱内不应装得满满当当的，应留有适当空间，以利于冷气穿透全部存品。此外，冰箱要定期消毒。3～4 周要用稀漂白粉水或浓度为 0.1%的高锰酸钾水擦拭一次，同时要定期清洗冰箱，包括各板层，特别是过滤网，此处常常是污垢和病菌的聚积场所。

9. 食品放入电冰箱能保存多久?

鲜蛋：冷藏 30～60 天。
熟蛋：冷藏 6～7 天。
牛奶：冷藏 5～6 天。
酸奶：冷藏 7～10 天。
鱼类：冷藏 1～2 天，冷冻 90～180 天。
牛肉：冷藏 1～2 天，冷冻 90 天。
肉排：冷藏 2～3 天，冷冻 270 天。
香肠：冷藏 9 天，冷冻 60 天。
鸡肉：冷藏 2～3 天，冷冻 360 天。
罐头食品：未开罐冷藏 360 天。
花生酱、芝麻酱：已开罐冷藏 90 天。
咖啡：已开罐冷藏 14 天。
苹果：冷藏 7～12 天。
柑桔：冷藏 7 天。
梨：冷藏 1～2 天。
熟西红柿：冷藏 12 天。

菠菜：冷藏 3～5 天。

胡萝卜、芹菜：冷藏 7～14 天。

10. 不宜在电冰箱存放的食物有哪些？

香蕉：在 12℃以下的环境贮存，会使其发黑腐烂。

西红柿：经冷冻，局部或全部果实会呈水浸状软烂，表现出褐色的圆斑。肉质呈水泡状、显得软烂，或出现散裂现象、表面有黑斑、煮不熟、无鲜味，严重的则腐烂。

黄瓜、青椒：黄瓜、青椒在冰箱中久存，会出现冻“伤”——变黑、变软、变味。黄瓜还会长毛发粘。因为冰箱里的温度一般为(4～6)℃左右，而黄瓜贮存适宜温度为(10～12)℃，青椒为(7～8)℃。故不宜久存。

鲜荔枝：在 0℃以下的环境中存放上一天，其表皮就会变黑，果肉就会变味。

叶子菜：因为它冷藏后比较容易烂。

鲜果汁：冷冻后容易破坏它的维生素等营养成分。

火腿：若将火腿放入冰箱低温贮存，其中的水分就会结冰，脂肪析出，火腿肉结块或松散，肉质变味，极易腐败。

面包在烘烤过程中，面粉中的直链淀粉部分已经老化，这就是面包产生弹性和柔软结构的原因。随着放置时间的延长，面包中的直链淀粉部分的直链慢慢缔合，而使柔软的面包逐渐变硬，这种现象叫做“变陈”。“变陈”的速度与温度有关，在低温室变硬较快，面包放在冰箱中要比放在室温环境下变硬的速度快。所以，如果短时间存放应将面包放在室温下，防止面包变硬。

吃剩的月饼不宜放进冰箱。月饼是用面粉、油、糖和果仁等配料精制，并经过焙烤的糕点。焙烤食品是不宜放入冰箱储存的。尽管对于有些品种的月饼来说，放入冰箱可以延长其保质时间，但还是会影响其风味。

另外中药材也不宜放在冰箱里。药材放入冰箱内，和其他食物混放时间一长，不但各种细菌容易侵入药材内，而且容易受潮，破坏了药材的药性。

巧克力在冰箱中冷藏后，一旦取出，在室温条件下即会在表面结出一层白霜，极易发霉变质，失去原味。

11. 电冰箱存放食品有哪些讲究？

(1) 熟食品进入冰箱前须凉透。食品未充分凉透，突然进入低温环境中，食物中心容易发生变质。食物带入的热气引起水蒸气凝集，能促使霉菌生长，导致整个冰箱内食品霉变。

(2) 冰箱中取出的熟食品必须回锅。冰箱内的温度只能抑制微生物的繁殖，而不能彻底杀灭它们。如食前不彻底加热，食后就可能致病。

(3) 食物解冻后不宜再进冰箱。反复冷冻可使食品组织和营养成分流失。从市场上买回来的冷冻食品，如肉、鱼、鸡、鸭、速冻蔬菜等，一经解冻要尽快加工食用，不宜存放。如果存放时间太长，肉、鱼、鸡、鸭等会因为细菌和酶的活力恢复，不但能很快繁殖分解蛋白质引起变质，而且还能产生有毒的组胺物质，人吃了会引起食物中毒；冷冻蔬菜存放时间太长，不仅色变、营养损失、品质下降，而且也很容易腐烂变质，不能食用。冷冻的肉、鱼、鸡、鸭等冷冻时由于水分结晶的作用，其组织细胞便受到破坏，一经解冻，被破坏了的组织细胞中，会渗出大量的蛋白质，就成了细菌繁殖的养料。有实验表明，将经冷冻 1 天的新鲜青花鱼，放在 30℃温度下 6 小时，其腐烂速度要比鲜鱼快 1 倍；将解冻的蛋黄放在 18℃温度下 2 小时，细菌数增加约 2 倍，经过 8 小时，细菌数增加 50 倍以上；将冷冻的鲜鸡蛋，放在(0～15)℃温度下达 10 天以上，因经冷、热温度的变化时间太长，不但卵膜变松、蛋清稀薄，而且还发生粘壳、散黄，甚至霉变、发臭，不能食用；冷冻过的蔬菜，尤其是在热天更不宜存放，否则绿叶蔬菜很快会变黄，维生素 C 也易被破坏。蔬菜放在 20℃温度下，比放在(6～8)℃的温度下，维生素 C 的分解损失要多 2 倍。

(4) 冷冻食品宜缓慢解冻。需解冻的冷冻食品宜换置常温冰箱内缓慢解冻，一般不宜采用温热水浇浸等方式强制解冻。若急速解冻，由于冰晶体很快溶化，营养汁液不能及时被纤维和细胞吸收而外溢，会使食品质量下降。

(5) 注意食品的贮藏温度。白菜、芹菜、洋葱、胡萝卜等的适宜存放温度为 0℃左右。南瓜适宜在 10℃以上存放。啤酒若低于 0℃，则外观混浊，味道不佳，因此，啤酒无论什么季节都不宜存放在冰箱内。不能把瓶装液体饮料放进冷冻室内，以免冻裂包装瓶，应将其放在冷藏箱内或门档上，温度贮藏最好为 4℃左右。

12. 怎样清洁电冰箱？

(1) 清洁冰箱外壳最好每天进行，用微湿柔软的布每天擦拭冰箱的外壳和拉手。

(2) 清理内胆前先切断电源，把冰箱冷藏室内的食物拿出来。

(3) 软布蘸上清水或餐具洗洁精，轻轻擦洗，然后蘸清水将洗洁精拭去。

(4) 拆下箱内附件，用清水或洗洁精清洗。

(5) 清洁冰箱的“开关”、“照明灯”和“温控器”等设施时，请把抹布或海绵拧得干一些。

(6) 内壁做完清洁后，可用软布蘸取甘油(医用开塞露)擦一遍冰箱内壁，下次擦的时候会更容易。

(7) 用酒精浸过的布擦拭密封条。如果手边没有酒精，用 1:1 醋水擦拭密封条，消毒效果很好。

(8) 用吸尘器或软毛刷清理冰箱背面的通风栅，不要用湿布，以免生锈。

(9) 清洁完毕，插上电源，检查温度控制器是否设定在正确位置。

13. 怎样保养电冰箱？

定期适当保养可以延长冰箱的使用寿命。保养冰箱前务必拔下电源插头。

(1) 经常清理冰箱背面或底部冷凝器和压缩机上的灰尘。可使用吸尘器或毛刷除尘，注意不要用湿布去擦拭冷藏器和压缩机上的灰尘。

(2) 冰箱长期停用时，应先切断电源，取出箱内一切食品，将箱内外清理干净，敞开箱门数日，使箱内充分干燥并散掉冰箱内的异味。

(3) 检查排水管。如果排水管堵塞，水就会漏到冰箱内。要用铁丝捅一捅排水管，除去积在排水管上的东西。

(4) 不要忽略门封胶条的清洗，将漂白剂用 10 倍的水稀释后用牙刷蘸湿清洗封条，最后用水将漂白剂冲去。胶条脏污易老化，会影响冰箱的密封性，增加耗电量。

(5) 检查振动、噪音以及压缩机的温度。运行中用手摸压缩机外壳，不应有明显的振动感，白天不应明显听到压缩机启动的声音。

(6) 注意检查电源线上是否有裂缝，防止漏电。

(7) 用温水或中性洗涤剂将冰箱内外清洗并擦干，敞开冰箱门通风干燥一天。

14. 电冰箱有哪些奇妙的用途？

大多数人把冰箱买回家，一般只会用它来冷藏和保鲜食物，但冰箱其实还有很多妙用之处，这些新的用途可以给人们的生活带来更多的方便。

(1) 丝袜延寿命。不少人为丝袜常破而伤脑筋，新买的丝袜不要拆封，直接放入冰箱冷冻室放 1～2 天，之后拿出来半天左右再穿上，温度的变化可增加丝袜的韧度，冻过的丝袜比较不容易破损。

(2) 受潮可恢复。若有饼干受潮，吃起来不香脆，但尚未超过保存期限丢了可惜，可将饼干放入冰箱冷冻约 24 小时，吃起来的口感会恢复原来的酥脆。

(3) 平整真丝衣。真丝衣服洗后皱皱巴巴，质地太软的衣物烫起来很麻烦，可把衣服装进塑料袋放入冰箱里几分钟，拿出来再熨就容易多了。

(4) 切蛋黄不碎。刚煮好的白煮蛋或茶叶蛋用刀一切蛋黄就碎了，可先放入冰箱冷藏保存 1 小时。待蛋黄稍冷凝固后再来切，蛋黄的切口平整，蛋黄也不会碎掉。

(5) 豆类煮烂快。红豆如果没有经过浸泡很难煮透，可先将红豆和水一起煮开，待冷却后放入冰箱冷冻库 2 小时左右，取出后水表层会有出现些许结冰的现象。此时再用锅子加热，水与红豆受热程度不同，温度的变化使红豆约 20 分钟后就煮烂。

(6) 蜡烛耐烧不滴蜡。使用蜡烛前 4 小时，先将蜡烛放进冰箱冷冻，冰冷的蜡烛点火后，会烧的比较慢，使用时间长，而且也不容易滴蜡。

(7) 电池延电力。手机电池因记忆或老化使待机时间变短，可把电池用报纸包起，报纸可吸收多余水分，放在塑胶袋中包好，置于冰箱中 3 天，取出常温放置 2 天再充电，重复此过程 3～4 次，可延长电池的使用时间。

(8) 去除口香糖。口香糖不小心粘在物品上时，可以先连同粘到的物品一起放在冰箱冷冻，约 1 小时后，口香糖就会变得脆硬，此时将物品取出，轻轻用指甲就能将口香糖剥离。

(9) 去除辛辣味。洋葱及葱蒜等辛香料直接切，辛辣味会让人流泪，不妨先放冰箱冷冻 1 小时，待其中辛辣物质较为稳定后再切，就不会被熏的流眼泪。

(10) 杀书籍蛀虫。家中收藏的书籍，时间长了会生虫，把书用薄膜塑料袋包好，放入冰箱冷冻室 12 小时，蛀虫会全被冻死。书籍万一被水浸湿，不论晒干还是晾干，都容易变皱变黄。可将湿书抚平，放入冰箱冷冻室内，两天后取出，即恢复原样，既干燥又平整。

(11) 淡化苦瓜味。苦瓜有清火的作用，但有人吃不惯它的苦味，把苦瓜放到冰箱里放一段时间后再取出食用，苦味就会淡很多。

(12) 防兔毛掉毛。兔毛衣服爱掉毛，穿之前放冰箱里几天，掉毛的烦恼就会无影无踪。

(13) 肥皂恢复硬度。肥皂遇水软化后会变得黏黏软软的，使用起来相当不便，可放冰箱里冷冻约 30 分钟。冰箱可吸取肥皂中的多余水分，让其恢复硬度。

(14) 炒米饭更美味。做好的米饭放凉后放入冷冻室，冷冻 2 个小时后再拿出来炒，炒好的米饭就会粒粒分开，并且每粒都会很有嚼劲。

(15) 煮熟的栗子易剥壳。栗子煮熟后不易剥壳，只要冷却后在冰箱内冷冻 2 小时，即可使壳肉分离，剥起来既快，栗子肉又完整。

(16) 茶叶保质。茶叶、香烟、药品存放于冰箱内，可保存 18 个月不变质。

(17) 冰箱内养鱼。在冰箱果盘盒内养鱼，不换水可保持数天不死，可随食随取，既方便又鲜活。

(18) 猪肝保鲜。猪肝切碎拌上植物油后，放冰箱中可保持数天的新鲜。

(19) 啤酒制冰块。啤酒、红酒和白兰地，倒在制冰盒中制成固体冰酒块，吃起来别有一番风味。

15. 电冰箱冷藏室经常存很多水，应怎样排除？

一般的冰箱在冷藏室的下后部均设有排水孔，供蒸发器化霜时形成的水流到冰箱外。当这个孔被脏物堵塞时，水便积存在冰箱的冷藏室内。严重时会经冷藏室的下部流出，造成冰箱门下部锈蚀。如果遇到这种情况可以选择一个与冰箱排水孔相适应的圆柱形探针疏通一下，使脏物排出冰箱外。

16. 电冰箱哪些常见现象属正常工作的现象？

(1) 电冰箱门边发热。压缩机的高压管道均从门边框内绕行一周，利用高压管的热量避免结露，因此门边发热是正常的。

(2) 压缩机组发烫。电冰箱压缩机组温升可达95℃，电冰箱只要自动开停工作正常、箱内制冷良好，整机是无问题的，压缩机组的发烫是正常状况。

(3) 冰箱启动和停机发出较强的震动声属正常。

(4) 电冰箱制冷系统管道各焊接头处出现白粉状物质，有时还有铜绿生成。这并非制冷剂泄漏，属焊粉吸潮后潮解而成的粉末，将其擦掉后涂上黑漆即可。

(5) 电冰箱发生炸裂声。一种情况是冷凝器热胀冷缩使百叶窗式冷凝器发出炸裂声，另一种是由于制冷开始后蒸发器上水分结成薄冰，随着冷冻速度加快，薄冰受冷冻应力作用碎裂发出响声，均属正常。

(6) 电冰箱运行时管道内的气流声、压缩机内冷冻油被搅动的轻微“哗哗”声，均属正常声音。

(7) 冬季，环境温度很低，电冰箱内外温差很小，甚至箱外温度比箱内还低，这不属于电冰箱的故障。只需将温度控制器旋钮调到大挡位，机组能正常运行，一切都会达到要求。另外也可将冰箱内补偿开关打开帮助电冰箱机组启动运行。

17. 电冰箱常见故障及排除方法有哪些？

(1) 门体不正。这种情况只需调整门铰链，将门摆正即可。单门冰箱松开下铰链螺钉，调整门体位置后，再固定紧螺钉就行了。双门冰箱松开中铰链螺钉，左右移动门体，调整好后，上紧螺钉即可。

(2) 门把手松动。用小刀或螺丝刀沿缝隙插入骨架外，轻轻用力将装饰盖撬起，上紧固定螺钉再将装饰盖嵌入。

(3) 门封条变形，密合不良。可用电吹风对门封条变形部位热风加温整形，冷却后形状固定达到密封良好即可。可用手电筒灯光进行检查。

(4) 电冰箱漏水到周围地面。形成漏水故障的原因有以下三个方面：第一是制冷系统回气管道结霜，压缩机停机后霜化成水滴到地面。这种情况滴水量较少，地面的水呈浸润状态。原因是制冷系统内制冷剂在维修后充入量过多。应请专业维修人员进行排放处理，使制冷剂保持适量。第二是电冰箱融霜排水管未插入接水盘中，管口在接水盘外。这种情况可从后面检查排水管，如果排水管过长，应剪掉一段，并将管口剪成斜面便于滴水，推拉接水盘不再碰撞排水管，漏水故障就排除了。第三是电冰箱经长期使用后箱内融霜水排水槽的漏水孔被堵塞。可用细软的铁丝或铜丝插入孔内来回拉动，会有污物随之带出，里面一疏通，积水就会流下，这时可用小杯子倒入清水冲洗，接水盘中流水由小而大、由脏而净，直至通畅，故障随即排除。若细铁丝无法疏通，可用气压冲击进行疏通，将自行车打气筒用塑料软管与融霜排水管连接好，接头处用不干胶纸粘牢或用包扎带扎紧以免打气时冲脱，打气将堵塞物冲出后再倒水冲洗干净。排除故障后的冰箱应时常检查漏水孔是否通畅，并用水冲洗保持其通畅。

(5) 关门后照明灯不熄灭。这属于温控器门灯塑料外罩装配位置太靠里，位置不到位，关门后不能将门灯开关按钮压下，灯就不会熄灭。处理这种故障是找到温度控制器门灯塑料外罩的固定螺钉位置，松开后将塑料外罩向外拉动，达到能顶动门灯开关时再固定紧，关上冰箱门能顶住门灯开关即可。

(6) 照明灯不亮。若灯泡坏了，更换即可。另外可能是门灯开关有弹不起来的机械故障不能接通电源，可用手轻轻一拉即可恢复。如果门灯开关上按钮边缘毛刺阻挡形成的故障，可用小刀片刮掉边缘毛刺来排除。阿里斯顿系列电冰箱的门灯开关是通过一个小压片传力触动的，这需要将塑料罩取下。取出压片和门灯开关后先将压片卡到位，再将门灯开关装好，上好塑料罩故障即排除。

(7) 电冰箱顶面板“冒水”。这是由于箱体隔热层发泡制作工艺处理欠佳使一些隔热层保温性能降低，冷冻室内冷气传到顶板上使空气中的水蒸气凝聚在顶板上形成结露凝水的故障。这种故障的处理是将台面板取下，可见隔热层被水浸泡的面积，将其周围放宽 2 cm 的范围挖掉，深度可达冷冻室顶部。选用硬质聚氨脂泡沫板作为更换材料，按照需填充的体积制作成型，以整块为最好。充填前用电吹风将水分吹干，边缘结合部涂上一层白乳胶将整块泡沫板嵌入压紧，待白乳胶固化后装好顶板即可使用。密合部结合越严、空气间隙越小则越好。

(8) 震动和噪声。安放不平稳产生的噪声，只需将冰箱底部的调平螺钉进行适当调整，并摇动一下箱体感到平稳即可。对于使用时间较长久的冰箱管道振动产生共振形成的轰鸣声，在电冰箱机组运行时，依次握住压缩机组周围的管道，当握住发生共振的管道时，振动噪声会明显地减小，将管道向前后左右任一个方向移动一个位置，达到消除共振减小噪声的良好效果即可。管道系统的构造也会形成噪声，如阿里斯顿系列电冰箱的毛细管道是密密地缠绕在低压管道上的，极易产生“吱吱”的噪声，检查时用手握住管道可明显地判断它有无噪声，可在毛细管道缠绕的两端分别用包扎带捆一捆，或是在毛细管道缠绕卷内的粗铜管上塞上防震泡沫、橡皮、软布等，这样处理后噪声自然消除。

七、家用卫生保健电器篇

1. 电吹风有哪些用途?

电吹风如图22所示，它主要用于头发的干燥和整形，也可供实验室、理疗室及工业生产、美工等方面作局部干燥、加热和理疗之用。

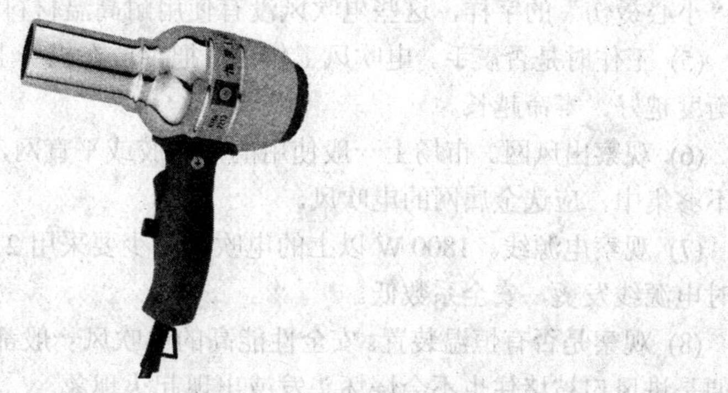

图22 电吹风

2. 电吹风的种类有哪些？它们的规格是怎样划分的?

电吹风的种类虽然很多，但是结构大同小异。它们都是由壳体、手柄、电机、风叶、电热元件、挡风板、开关、电源线等组成。

根据它所使用的电动机类型，可分为交流串激式、交流罩极式和直流永磁式。串激式电吹风的优点是启动转矩大、转速高，适合制造大功率的电吹风；缺点是噪音大，换向器对电信设备有一定的干扰。罩极式式电吹风的优点是噪音小、寿命长，对电信设备不会造成干扰；缺点是转速低、启动性能差、重量大。永磁式电吹风的优点是重量轻、转速高、制造工艺简单、造价低、物美价廉。

电吹风的规格大小，主要按电功率划分。常用的规格有250 W、350 W、450 W、550 W、850 W、1000 W、1200 W等。

3. 怎样选购电吹风?

(1) 测风力。把电吹风开到最大风力，出风口垂直向上放置乒乓球，目前市场上的电吹风使乒乓球吹出的高度一般在(25～35)cm 之间。此外还要看乒乓球摇摆的幅度，幅度越大说明风力越不集中。

(2) 测负离子浓度。用电吹风在冷风状态下吹干燥的手心，手心感觉越粘稠说明负离子浓度越高。用鼻子闻，臭味越浓，负离子浓度越高。

(3) 掂重量。专业发廊的电吹风使用高性能的 5421 型号电机，以使电吹风正常稳定工作，其工作寿命长、重量大；低价的质量差的电吹风一般使用的是 5410 或 5413 电机，其重量轻、性能差、寿命短、噪音大，而且功率不大。

(4) 工作时看前壳是否烫手。市场上一般的电吹风在高温工作时，前壳特别烫，甚至标有“小心烫伤”的字样，这些电吹风没有使用耐高温材料。

(5) 工作时是否震手。电吹风工作时，把手放在机身上感觉是否震手，越稳定说明电机平衡度越好，寿命越长。

(6) 观察出风网。市场上一般使用的是塑胶或平直网，安全度不高，且吹出的风散，温度不够集中，应选金属网的电吹风。

(7) 观察电源线。1800 W 以上的电吹风至少要采用 $2 \times 1.0\ mm^2$ 的国标电源线，否则开机时电源线发烫，安全系数低。

(8) 观察是否有恒温装置。安全性能高的电吹风一般都设置有恒温装置。电吹风工作时，即便是进风口被堵住也不会烧坏头发或出现起火现象。

(9) 测起热时间。起热时间快的电吹风一般为真实功率的电吹风，功率小的电吹风起热时间很慢，工作效率低，很难满足专业发型师的需求。

(10) 注意售后服务承诺。目前市场上的电吹风，大部分无法承诺保修。较好的承诺为，质量问题，半年包换，一年保修。

4. 为保证安全，使用电吹风时应注意什么?

(1) 有接地引线的电吹风要把接地线接好。

(2) 使用电吹风的热风时，应注意由远及近靠近头发，且一边移动一边吹，千万不可直吹不动，以免烫伤。

(3) 应防止吹风机内部受潮，确保其绝缘性能良好。

(4) 使用完毕后，要擦拭干净，放在通风、干燥处保存。

5. 为获得理想的美发效果，操作电吹风时应注意什么？

(1) 洗完头发之后用干毛巾擦干净多余的水分，接着将头发划分好，将外部的头发用夹子固定在头顶，这样做能更好地吹干头发。

(2) 将头顶上的头发拆下分成两部分吹干，用双手插入头发中梳理，用吹风机吹干。

(3) 将下面部分的头发分成两边，将五个手指伸开并插入头发中，一边用手指从头梳到尾，一边用吹风机吹干。

(4) 将侧面的头发以耳朵为界限分成两部分，用卷筒梳从发根缓慢地梳至发稍，吹风机放置到侧面送风。耳后的头发也采用同样的处理方式。

6. 吸尘器有哪些种类？

吸尘器如图 23 所示，其种类较多，按结构分类主要有：

(1) 立式。呈圆桶形或方形居多，分上、下两部分。上部装有电机，是动力部分，下部为集尘箱。

(2) 卧式。长方形或车型状，有前后两部分，前部为集尘箱，后部为电机部分。

(3) 便携式。它一般有四种形式。肩式：体积较小，使用时背在肩上，功率较小；杆式：形状似杆，上端为把手，下端为吸嘴，功率较小；手提式：体积更小，可直接握在手中使用，功率较小；微型式：多用电池供电，体积更小，多用于清洁衣物、仪器等，功率较小。

按驱动电动机来分，吸尘器又可分为以下几类：交流吸尘器、直流吸尘器和交直流两用吸尘器。

图 23　吸尘器

7. 吸尘器是怎样工作的?

通过电动机的高速旋转，在主机内形成真空，利用由此产生的高速气流，从吸尘口吸进垃圾。当虱子等害虫在进入主机内时，会因高速碰撞吸尘管内壁而死掉。

吸入吸尘器的垃圾被积蓄在布袋机内。被过滤网净化过的空气，则边冷却电动机，边被排出吸尘器。电动机是吸尘器的心脏，其性能的好坏可直接影响吸尘器的可靠性。

另外，吸尘器所使用的电动机，每分钟旋转2万～4万转。而电扇的电动机，其转速为每分钟约1800～3600转，由此可知吸尘器电动机转速是很高的。

8. 吸尘器的过滤网有什么作用?

为了不使吸入吸尘器的微小的灰尘泄漏到外边，吸尘器里装有各种过滤网。例如松下电器的吸尘器里，至少装有2～3个过滤网。另外，布袋或者纸袋也起着过滤网的作用。这些过滤网可防止极为微小的灰尘损伤电动机，同时还可起到防止污染室内空气的作用。

长期使用吸尘器时，会因过滤网网眼的堵塞而致使吸力下降。为了防止吸力下降，应定期用水清洗过滤网以及布袋，洗后在阴凉处晾干再使用，即可恢复吸力。

9. 怎样选购吸尘器?

在进行选购时，可以从结构形状、电机容量以及使用的功能是否符合实际使用情况来考虑。对于家庭来说，使用(400～600)W的吸尘器比较合适，这类吸尘器足以清除家庭地毯等处的灰尘。

在挑选吸尘器时，应首先看吸尘器的外壳。如果是塑料筒体就要看筒体有无裂痕，还要注意上下筒体之间的连接部位是否紧固。如果是金属筒体，就先看筒体有没有碰伤，油漆是否均匀，上下筒体之间是不是密封等。检查外表后将吸尘器通电，通电后就会有吸风的声音。当用手挡住吸尘器吸尘口时，电机噪声明显增大，此时手会感到一股巨大的吸力，将手移开时，会感到很费力。

有一点应该注意，吸尘器通电后只应有风的声音，整机声音越小越好，不应掺有其他杂音；有的吸尘器装有电源线回收装置，在挑选的时候，就要把电源线全部拉出，然后按下收线开关，看它是否能将电源线全部收回。最后要按照使用说明书清点一下吸尘器的附件，不要有缺件现象。

选购吸尘器品质当优先，还应从以下几个方面来考虑。

(1) 选品种。一是考虑吸尘器本身体积的大小。在住房条件允许的情况下，应尽量选用大的，因为体积大的除尘率高，噪音相对也要小些；二是考虑吸尘器功率的大小，一般可选用(500～800)W 的产品，可主要用来清洁沙发、地毯、家具等。

(2) 选档次。档次合适的吸尘器主要是针对其使用功能是否能满足要求来说的，在经济条件允许的情况下，应尽可能选择档次高一些的、功能齐全一些的。

(3) 选质量。外壳应光亮，塑料外壳应光滑，不应购买喷漆产品；性能好的过滤网应是有大网眼和细网眼的双层网；通电检查吸尘器，质量好的产品启动速度应不超过 1 秒钟，手摸上去机壳振幅要小、噪音低，断电后减速时间应大于 5 秒钟再停止，停止过程平稳均匀。

10. 怎样选购电动剃须刀?

电动剃须刀如图 24 所示，其款式较多，两刀头和三刀头的各有各的用途和特点。如果使用者的面部胡须量不大，两刀头剃须刀即可解决问题，且手持轻便、易用。若使用者的胡须面积较大(如络腮胡)，又较为浓密粗韧，且高低不平，则三刀头的剃须刀最为适合。

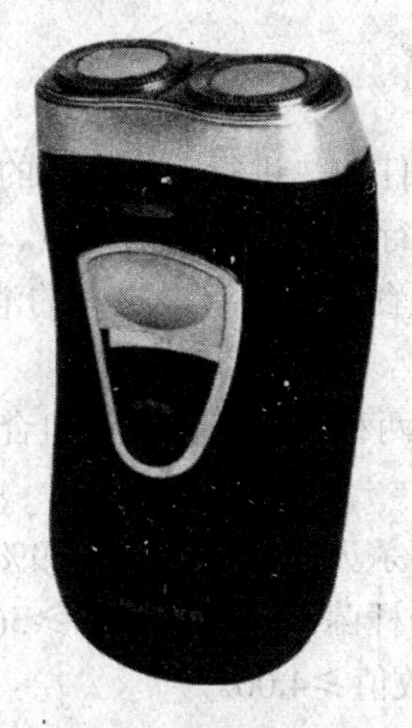

图 24　电动剃须刀

11. 什么是消毒柜?

消毒柜是通过紫外线、远红外线、高温、臭氧等方式，给食具、餐具、毛巾、衣物、美容美发用具、医疗器械等物品进行杀菌消毒、保温除湿的工具，如图 25 所示。其外形一般为柜箱状，柜身大部分材质为不锈钢。消毒柜为中国首创发明的电器产品，广泛用于酒店宾馆、餐馆、学校、部队、食堂和家庭等场所。

图 25　消毒柜

12. 消毒柜有哪些种类？

(1) 按照消毒方式分类。

电热食具消毒柜：通过电热元件加热进行食具消毒的消毒柜。

臭氧食具消毒柜：通过臭氧进行食具消毒的消毒柜。

紫外线消毒柜：把紫外线作为食具消毒手段之一的消毒柜，仅靠紫外线消毒的消毒柜是不适用于食具消毒的。

组合型食具消毒柜：由两种或两种以上消毒方法组合而成，对食具进行消毒的消毒柜。

(2) 按照消毒效果分类。

一星级消毒柜(*)：对大肠杆菌杀灭率应不小于 99.9%。

二星级消毒柜(**)：① 对大肠杆菌灭杀对数值应≥3(≥99.9%)；② 对脊髓灰质炎病毒感染滴度(TCID50)≥105，灭活对数值≥4.00。

13. 消毒柜是怎样消毒的？

远红外线高温型消毒柜主要是根据物理原理，利用远红外线发热，在密闭的柜内产生120℃高温进行杀菌消毒。这种消毒方式具有速度快、穿透力强的特点，日常生活中常用的餐具、茶具都可放在柜内进行高温消毒。

臭氧低温型消毒柜利用臭氧进行杀菌消毒，可用于塑料、胶木等受高温易变形的物品的消毒，也可用来对蔬菜、瓜果等进行杀菌和保鲜。

14. 怎样选购消毒柜?

一般而言，老式单功能的电热消毒柜采用发热温度较高的远红外石英电加热管加热，温度可达100℃以上，它的显著优势是价格比较便宜；壁挂式消毒柜采用温度较低的远红外石英电加热管或PTC材料，温度在70℃左右，主要用来烘干，消毒方式采用臭氧和紫外线形式，一般具有一种或两种消毒方式组合，价格适中；嵌入式消毒柜在功能上类同于其他形式的消毒柜，只是造型新颖、制作精良，价格相对也较贵。如果家里的厨房面积较大，且经济条件允许，不妨购买容积较大的高档消毒柜，如落地、嵌入、抽屉式消毒柜；如果房子面积不大，就可考虑买一个经济实惠的壁挂式消毒柜，这样不但省钱，还可节省空间。

消费者在确定了要选购的款式以后，首先要看消毒柜的外观与结构——消毒柜的箱体结构外形应端正，外表面光洁、色泽均匀，无划痕，涂覆件表面不应有起泡、流痕和剥落等缺陷；箱体结构应牢固，门封条密闭良好，与门黏合紧密，不应有变形，柜门开关和控制器件应方便、灵活可靠，紧固部位无松动(柜门密闭性的检测：可以取一小张薄硬纸片，如果能够轻易插入消毒柜的门缝中，就说明柜门密闭不严)。

外观检查合格后，就可以通电检查了。接通后电源指示灯亮，逐个按下开关，各开关按钮应灵活可靠；同时检查各功能工作情况，从外部观察臭氧放电、加热、紫外线能否正常工作，静听臭氧发生器放电声音的连续均匀性。

还要检查门的联锁开关(防止臭氧泄漏、紫外线漏光的联锁装置)，打开消毒柜的门，消毒柜应立即停止工作，关上门后消毒柜应立即恢复工作或重新开机，可反复试验几次，以确定门的联锁开关的可靠性。

另外，建议消费者到知名的经销公司购买知名企业生产的消毒柜，一是因为知名经销商的售后服务有保障；二是知名生产企业有技术、资金优势，开发、生产的消毒柜大部分都有自己的技术和专利，能符合国家标准的要求，产品质量有保证。

要安全健康，不要贪图便宜。如今人们的健康观念已得到了很大提升，预防传染疾病、防止“病从口入”已经成为人们普遍的健康准则，消毒柜也因此逐渐成为人们厨房中的必备品。对此，专家告诫消费者，选择消毒柜一定要把握好安全健康准则，切不可为贪图便宜而购买不合格的产品。

15. 怎样使用和维护食具消毒柜?

(1) 消毒柜应水平放置，周围无杂物，干燥通风，离墙距离不宜小于30 cm。

(2) 将经过冲洗的餐具等物品分类放入筐内，要求立插，利于沥水，并留有间隙，避免堆叠。

(3) 消毒期间非必要时，请勿开门，以免影响效果。

(4) 消毒结束后，柜内仍处于高温，容易烫伤皮肤，一般要经 10～20 分钟，方可开柜取物，若暂不使用食具，最好不要打开柜门，这样消毒效果可维持数天。

(5) 消费者在使用消毒柜时切忌将其作为存放柜使用。因为消毒柜处于密封状态，如存放在柜内的碗筷消毒未干透，消毒柜反而成了细菌滋生的温床。因而从安全卫生角度出发，消毒柜应每天开启一次为好。

(6) 要定期对电子消毒柜进行清洁保养，将柜身下端集水盒中的水倒出并擦净。清洁时，先拔下电源插头，用湿布擦拭消毒柜内外表面，禁止用大量的水冲淋电子消毒柜。若太脏，可先用中性洗涤剂擦拭，再用湿布擦掉洗涤剂，最后用干布擦干水分。清洁时，禁止碰撞石英加热管和臭氧发生器。

(7) 经常检查门封条是否密封良好，以免热量散失或臭氧逸出，影响消毒效果。使用时，如发现石英不发热或听不到臭氧发生器高压放电的“吱吱”声，说明消毒柜出了故障，应停止使用，立即送维修部门修理。

16. 什么是电动按摩器?

电动按摩器如图 26 所示，它是利用电力使按摩头振动，对人体进行按摩的保健电器。按摩有利于舒筋活血、消除疲劳和防治疾病。电动按摩器按振动方式分为电磁式和电动机式两种；按用途分为健美用、运动用和医疗用三种。电磁式按摩器主要由铁芯(包括固定铁芯和可动铁芯)、线圈、振动弹簧片和按摩头组成。电动按摩器属于保健类电器产品，它对人体表层进行局部的机械刺激，加速局部皮肤与肌肉的血液循环，使人体的某些生理功能得到调节和改善。

图 26　电动按摩器

17. 什么是足浴器?

足浴器如图 27 所示，它是一种足部保健设备，通过对脚部的按摩和刺激，能激发人体潜在的机能，调整身体阴阳平衡、舒缓全身紧张的状态，达到防病保健的效果，有自我保健和延年益寿之功效。

图 27　足浴器

18. 足浴器有哪些功能？

(1) 自动加热保温。足浴器采用节能流水直热式，可有效控制、保持人体感觉舒适的水温，开机后可在(35～50)℃之间随意调节。达到设定的温度，自动保持恒温状态，使用舒适。

(2) 气泡冲击按摩。足浴器的气泡槽能放出大量气泡冲击足底各个反射区和涌泉穴，促进血液循环，起到按摩保健作用。

(3) 振动按摩。足浴器底部设有振动电机和上百个按摩粒子，开机后高频振动，可充分刺激脚部穴位、促进血液循环、改善新陈代谢、提高睡眠质量、消除疲劳、增进健康、提高抗病能力。

(4) 水流冲击按摩。足浴器前侧有水柱喷击，冲击脚部穴位，起到缓解肌肉紧张和柔性按摩的作用，改善足部微循环，促进身体健康。

(5) 臭氧去除脚气、脚臭、脚癣。足浴按摩器可产生臭氧气泡，溶解于水中。用含有活氧的水泡脚，可去除脚上的各种细菌，避免生脚气。

(6) 磁保健。足浴器底部装有永久磁石，形成低磁场网络覆盖足部，磁场渗透足部穴位，能产生多种效应的综合作用，具有良好的保健效果。

19. 怎样选购抽油烟机？

抽油烟机如图 28 所示。现在的整体厨房多采用超薄型抽油烟机，虽然美观，但这种抽油烟机不太适合中国的厨房。因为中餐多是炒菜，中国的厨房较欧洲的厨房油烟也要大一些，超薄型抽油烟机吸排力并不理想。选购抽油烟机应以深型、大功率、风扇为涡轮式且单机功率在 95 W 以上的为好。这样的机型吸力强、噪音低、清洗简单、可调速、方便节能。

图 28　抽油烟机

八、家用音像设备篇

1. 电视机有哪些种类？

电视机的分类有不同的标准与角度。按信号接收、处理格式的不同，有模拟电视机和数字电视机之分；按能否再现色彩来看，有彩色电视机和黑白电视机之分，目前彩色电视机已成为绝对主流；按屏幕的长宽比例的不同，有 4 : 3 和 16 : 9 两种规格之分，目前绝大多数电视机为 4 : 3 的比例，有些新型的电视机采用 16 : 9 的规格；按成像的原理来分类，有阴极射线管(CRT)电视机(即传统的显像管电视机)、液晶(LCD)电视机、等离子(PDP)电视机及有机电致发光体(OEL)电视机之分。

2. 液晶电视机有什么特点？

液晶(LCD)电视机是用液晶屏作显像器件的电视机，如图 29 所示。液晶电视机最大的优点是能够做得很薄，可以像画板一样挂在墙上使用。另外，液晶电视机还有耗电省、亮度高等优点。不过目前液晶电视机的画质跟 CRT 电视相比还有一段距离，它主要是难以再现足够深的黑色、观看视角小、反应速度也稍慢。另外，液晶电视机的价格还比较高。但是液晶电视机的发展相当快，最新的液晶电视机其色彩、视角、反应速度都有了显著的改善，相信在不久的将来，液晶电视机就会进入越来越多的家庭。

图 29　液晶电视机

3. 等离子电视机有什么特点?

等离子(PDP)电视机如图 30 所示，其工作原理我们普通消费者不必深究，只要知道它是用等离子体激发的紫外线使荧光物质发光来工作的就足够了。我们更关心等离子电视机有哪些优点，又有什么缺点。优点是易于实现大屏幕化和薄型化。目前的屏幕尺寸一般都有 40～50 英寸左右(最大的现已做到 61 英寸)，厚度仅(8～10)cm。画质跟 CRT 电视机虽然尚有一点差距，但已经相当不错了。PDP 电视机最大的问题是价格高。

图 30　等离子电视机

4. 背投电视机有什么特点?

背投电视机是投影电视机的一种，如图 31 所示，它的屏幕上没有发光的荧光物质，而是通过机内的一个 CRT 投影管先成像，光线经过光学反射系统后投映在屏幕上形成画面。

图 31　背投电视机

背投电视机的特点是屏幕大，尺寸现在已达 50～60 英寸，而且背投电视机的价格比同尺寸的 PDP、LCD 电视机便宜很多，不少消费者已经能够接受。背投电视机的这些特点很适合组建家庭影院系统，因而相当热销。不过背投电视机的画质并不如其他类型的电视机，不用说与 CRT 电视机，就是与 PDP、LCD 电视机相比，背投也要逊色许多。主要表现在画面的亮度、对比度不够好，色彩也不够饱和。相信随着技术的进步，背投电视机的画质会越来越好。

5. 什么是网络电视(IPTV)?

IPTV 即交互式网络电视，它集互联网、多媒体、通信等多种技术于一体，利用宽带有线电视网向家庭用户提供数字广播电视、VOD 点播、视频录像等诸多宽带业务。用户在家中可以有两种方式享受 IPTV 服务：一是通过计算机；二是利用网络机顶盒 + 普通电视机来实现。

6. 两种屏幕规格 4:3 和 16:9，应选哪一种?

4:3 和 16:9 的电视机各有所长，4:3 的优点就是 16:9 的缺点，反之亦然。目前电视台拍摄制作的节目都采用 4:3 的比例，用 4:3 的电视机观看最合理，这样图像能完全充满整个屏幕，屏幕的面积全部得到利用。不过当我们收看宽银幕的电影节目时，4:3 的电视机屏幕上下就会出现两条很宽的黑边，图像只有中间狭长的一条，可视面积减小很多，这时用 16:9 的电视机观看就好得多。对于大多数人，最好还是选 4:3 的，因为收看宽银幕电影节目的机会毕竟不太多。当然，如果电视机主要是用来看 DVD 而较少收看电视台的节目，16:9 也许是更合理的选择，因为 DVD 故事片以宽银幕的居多。

7. 什么是数字电视?

简单地说，电视信号从节目制作、节目发射、节目传输直到最终用户接收的每一个环节都采用数字方式工作的电视系统称为数字电视系统，简称数字电视。能够直接接收数字电视信号的电视机叫数字电视机。数字电视的图像质量高，易于实现高清晰度画面，肯定是将来的发展趋势。

8. 将来数字电视开播，现在的模拟电视机会不会被淘汰?

模拟电视最终会逐渐消失，但现在不用担心买机器会遭淘汰的问题。以我国现在的情况来看，电视台要完成大面积的数字电视系统基础建设非三五年内可以实现，就算电视台普遍数字化了，仍然会有一个模拟、数字共存的缓冲期。用到模拟信号停播的那一天，我们的电视机也该换新的了。

9. 电视机的清晰度能达到多少线?

清晰度分为两种，水平清晰度和垂直清晰度。前者表示画面在水平方向上可以分辨的垂直线的线数，后者表示画面在垂直方向上能分辨的水平线的线数，一般我们讲的电视机的清晰度，指的都是水平清晰度。水平清晰度和电视机显像管本身的水平分辨率以及信号通道的带宽都有关系，通常显像管的分辨率是足够的，所以电视机的水平清晰度就主要由信号通道的带宽决定。有一个经验公式："1 MHz 带宽大约相当于 80 线的清晰度"。对于接收电视信号的高频端口，电视机能达到的清晰度最多 350 线左右；对于视频信号输入端口，清晰度大约为 500～550 线。另外，从信号源的角度看，电视节目本身的清晰度最高不超过 400 线，DVD 为 500～540 线左右，跟目前大多数的电视机匹配。

10. 高清晰度电视等于数字电视吗?

不能等同。高清晰度电视(HDTV)可以采用模拟工作方式，也可以采用数字工作方式。另一方面，数字电视(DTV)也有多种不同的清晰度标准，既有 1920×1080 i(1080 线隔行扫描)这样的高清晰度规格，也有相当于现行电视系统水平的标准清晰度规格，还有一些是介于二者之间的规格。不过目前模拟格式的 HDTV 已经没有发展前途了，将来的高清晰度电视肯定都采用数字格式。

11. 什么叫逐行扫描?

一屏画面由 1、2、3、4、5、6……等若干条水平扫描线组成，假如是按 1、2、3、4、5、6……这样的顺序一次扫完整屏，这样的扫描方式就是逐行扫描，又叫循序扫描；反之，如果先扫 1、3、5……等奇数行，再扫 2、4、6……等偶数行，一屏分两次扫完，这样的扫描称为隔行扫描，也就是我们的普通电视机中的扫描方式。逐行扫描的画面具有比隔行扫描画面更精细的光栅结构，屏幕上很难察觉扫描线，图像很细腻。此外，逐行扫描基本上消除了隔行扫描时容易出现的行间闪烁现象，画面更为稳定。

12. 有"绿色电视"和"环保电视"吗?

这是典型的不负责任的概念炒作，误导消费者。所谓"绿色电视"或"环保电视"，就是在说电视机无辐射或辐射很低，对人体健康没有影响。但事实上，任何一款质量合格的电视机，其辐射都远低于国际相关组织制定的安全辐射标准，对健康都没有影响。

13. 数码摄像机的类型有哪些?

数码摄像机如图 32 所示，现在市场上的数码摄像机主要有四大类型，划分的依据主要是摄像机的记录介质和方式，它们分别是 Mini DV、Digital 8、CMOS 超迷你型摄像机和数码摄录放一体机这四类。这几种摄像机的操作功能和用途大同小异，只是在记录方式上有所区别。

图 32 数码摄像机

14. 什么是 DV?

DV 是 Digital Video 的缩写，译成中文就是“数字视频”的意思，它是由索尼(SONY)、松下(PANASONIC)、JVC(胜利)、夏普(SHARP)、东芝(TOSHIBA)和佳能(CANON)等多家著名家电巨擘联合制定的一种数码视频格式。然而，在绝大多数场合 DV 代表数码摄像机。

15. DV 和模拟摄像机相比，有什么主要特点?

(1) 清晰度高。我们知道，模拟摄像机记录的是模拟信号，所以影像清晰度(也称之为解析度、解像度或分辩率)不高，如 VHS 摄像机的水平清晰度为 240 线，最好的 Hi8 机型也只有 400 线。而 DV 记录的则是数字信号，其水平清晰度已经达到了 500～540 线，可以和专业摄像机相媲美。

(2) 色彩更加纯正。DV 的色度和亮度信号带宽差不多是模拟摄像机的 6 倍，而色度和亮度带宽是决定影像质量的最重要因素之一，因而 DV 拍摄的影像的色彩就更加纯正和绚丽，也达到了专业摄像机的水平。

(3) 无损复制。DV 磁带上记录的信号可以无数次地转录，影像质量丝毫也不会下降，这一点也是模拟摄像机所望尘莫及的。

(4) 体积小重量轻。与模拟摄像机相比，DV 机的体积大为减小，一般只有 123 mm ×

87 mm × 66 mm 左右，重量也大为减轻，一般只有 500 克左右，极大地方便了用户的使用。如目前比较轻巧的松下 SV-AV20，其体积只有 74.7 mm × 61.9 mm × 26.9 mm，重量只有 90 克，比大多数手机还要轻些。

16. 家用 DV 有几种不同的格式？

家用 DV 主要是 Mini DV，这是品牌和型号最多的 DV 机型。也就是说，目前市场上绝大多数家用数码摄像机均是 Mini DV 格式。此外，还有索尼的 MICROMV 型 DV，如 DCR-IP220 等，MICROMV 机型采用的磁带，外形只有 46 mm × 30.2 mm × 8.5 mm，还不到 Mini DV 磁带体积的 1/3。

市场上还有其他格式的 DV 机型，如索尼 DCM-M1 等采用 MD 光盘、日立 DZMV200A 等采用 8 cm 的 DVD 光盘、三星 ITCAM-7 等采用电脑用的硬盘、松下 SV-AV10 和 SV-AV20 等只使用 SD/MMC 存储卡、索尼 DCR-IP1 等只使用记忆棒作为记录载体。

DVD 数码摄像机(光盘式 DV)采用 DVD-R、DVR+R，或是 DVD-RW、DVD+RW 等存储介质来存储动态视频图像。对于普通家庭用户来说，不仅需要操作简单、携带方便，拍摄中不用担心重叠拍摄，更不用浪费时间去倒带或回放。DVD 数码摄像机拍摄后可直接通过 DVD 播放器即刻播放，省去了后期编辑的麻烦，哪怕使用者不太懂得与 PC 相关的知识也同样可以玩转 DVD 数码摄像机。鉴于 DVD 格式是目前最通用的兼容格式，DVD 数码摄像机因此也被认为是未来家庭用户的首选，它全面满足了普通家庭用户的几乎所有需求。

采用 VIDEO(DVD-Video)模式刻录的光盘可以在大部分 DVD 播放机上直接播放，但是不能在摄像机和电脑上直接编辑(后期可以通过软件转换格式后编辑)，适合不经常编辑视频的初级用户。

采用 VR(DVD-Video Recording)模式刻录的光盘可以在摄像机上直接编辑视频，但是并不是所有的 DVD 播放机都能兼容，其仅适合于会视频编辑的用户使用。

目前在单层单面的 DVD 光盘片上可储存 1.4 GB 容量的数据；如使用单层双面的 DVD 光盘片，可储存 2.8 GB 容量的数据。下面以一张 1.4 GB 的 DVD 光盘为例，其可以记录的录像时间如表 4 所示。

表 4　DVD 数码摄像机的记录时间

记录模式	大致拍摄时间	使用模式
XP	20 分钟	高质量拍摄
SP	30 分钟	标准拍摄
LP	60 分钟	长时间拍摄

DVD 数码摄像机如图 33 所示，其最大的优点是“即拍即放”，能快速在大部分 DVD 播放机上播放。而且 DVD 介质在目前所有介质的数码摄像机中，安全性、稳定性最高。它既不像磁带 DV 那样容易损耗，也不像硬盘式 DV 那样对防震性能有非常苛刻的要求，一旦碰坏损失惨重。不足之处是一张 DVD 光盘可以刻录的时间相对短了一些。

图 33　DVD 数码摄像机

17. 什么是高清数码摄像机(HDV)?

高清数码摄像机如图 34 所示。2003 年，由索尼、佳能、夏普、JVC 四家公司联合宣布了 HDV 标准。2004 年，索尼发布了全球第一部民用高清数码摄像机 Handycam HDR-FX1E，这是一款符合 HDV1080i 标准的高清数码摄像机，从此拉开了高清数码摄像机(HDV)向民用普及的序幕。

图 34　高清数码摄像机

HDV 的标准是要开发一种家用便携式摄像机，它可以方便录制高质量、高清晰的影像。HDV 标准可以使用现有的 DV 磁带，以其作为记录介质。这样，通过使用数字便携式摄像机，可以降低开发成本、提高开发效率。高清晰度数码摄像机可以保证“原汁原味”，在播放录像的时候不降低图像质量。按照该标准，用户可以在常用的 DV 带上录制高清晰画面，音质也更好，采用该标准摄像机拍摄出来的画面可以达到 720 线的逐行扫描方式(分辨率为1280×720)以及1080线隔行扫描方式(分辨率为1440×1080)。索尼HC1E就采用了1080线隔行扫描方式。

18. 硬盘摄像机有何特点?

硬盘摄像机具备很多好处，尤其在外出拍摄时不需要携带大量的Mini DV磁带或DVD光盘，让用户外出拍摄变得更加轻松、愉快，而且可以节省大量资金。大容量硬盘摄像机能够确保长时间拍摄，让用户外出旅行拍摄不会有任何后顾之忧。回到家中向电脑传输拍摄素材，也不再需要Mini DV磁带摄像机时代那样烦琐、专业的视频采集设备，仅需应用USB连线与电脑连接，就可轻松完成素材导出，让普通家庭用户可轻松体验拍摄、编辑视频影片的乐趣。

微型硬盘如图35所示，它的体积和CF卡一样，与磁带和DVD光盘相比体积更小，其读取卡槽可以和CF卡通用，使用时间上也是众多存储介质中最有优势的。微硬盘采用比硬盘更高的技术来制造，这样保证了它的使用寿命，可反复擦写30万次。在用法上，只需要将它连接电脑，就能通过硬盘摄像机或者读卡器将动态影像直接拷贝到电脑上，省去了Mini DV采集的麻烦，非常方便。

图35 微型硬盘

当然，由于硬盘摄像机产生的时间并不长，还存在诸多的不足，如怕震、价格高等。从目前来看，硬盘摄像机更适合那些有大量拍摄需求、懂得如何保护硬盘和熟悉PC的人群。随着价格的进一步下降，未来的需求人群必然会增加。

19. DV中的影像如何制作成VCD?

通常要把DV中的影像制作成VCD，需要一台电脑，电脑中要求配有一块视频采集卡，还要求有一台刻录机和一套VCD制作软件。把DV中拍摄的影像用IEEE1394或者USB接口导入电脑，即可动手制作 VCD。

然而，随着 DV 技术的进步和功能的增强，有些 DV 也会附赠制作 VCD 的软件，并且该类 VCD 制作软件更加小巧，使用也更加容易，更适用于普通 DV 用户。如 JVC 的 GR-DVP9U 等 DV 就附赠有这样的 VCD 制作软件——“IMAGE PIXLA”。

20. 摄像机可以连接电视机看吗?

所有的摄像机都可以接电视机看。摄像机除了有摄像的功能，还有放像功能，可以使用摄像机来播放摄像带，连接它到电视机(AV 插口)，与 VCD 的接法一样。

21. 用录像机可以播放摄像机使用的摄像带吗?

有的摄像带除了用摄像机播放，还可以通过转换盒在录像机(家用 VHS 格式)上播放。如松下和 JVC 的 C 型摄像机都可以这样使用，松下 M3500 等 VHS 摄像机的摄像带就可以直接在录像机上播放。

索尼和夏普的摄像机使用 8 mm 摄像带，因为没有可以转换的转换盒，所以这种摄像带无法在家用录像机上播放。

DV 数码格式的摄像机使用的 DV 数码摄像带也无法在家用录像机上播放，它可以在数码录像机上播放，专业摄像机中的松下 DVCPRO 格式与索尼 DVCAM 格式也兼容 DV 格式。

22. 摄像机使用方便、易学吗?

现在家用摄像机的使用都比较简单，虽然功能特别多，但操作容易。与打开程序一样，摄像机的功能集中在一个菜单(MENU)里面，可以随意选择，它不像电脑会死机，常用的功能还单独有一个按键，就像程序的快捷方式一样。

右手握摄像机，大拇指正好控制摄像“开始/停止”按键，食指控制“变焦”按键，左手可以操作常用功能的按键。确实非常简单，一般 5 分钟内大部分用户就可以学会。摄像机还带有中文说明书，有非常详细的操作说明。

23. 怎样选择 DVD 影碟机?

(1) 首选具有良好售后服务的产品。DVD 影碟机如图 36 所示，它是复杂和精密的机电一体化产品，在长期的使用过程中有些机型难免会出现一些这样或者那样的问题，甚至于发生故障而无法继续工作，因此具有良好的产品售后服务是必须的。当要购买 DVD 影碟机时，首先就应该选择那些具有健全售后服务体系的大生产厂家的产品，在这一方面国产机型具有明显的优势。因此，在性能和价格比差不多的情况下，应该选购国产机型，从而可以享受到更为可靠和更加快捷的售后服务。千万不要轻信经销商的花言巧语，或者说只为了百十元的价差，而去购买那些“三无”的伪劣产品，否则买来的不是快乐和享受而是无穷尽的烦恼。因此，良好的售后服务应该作为购买家用电器首先考虑的因素。再好的产品，没有售后服务也是不能购买的。

图 36　DVD 影碟机

(2) 看机芯。机芯就是 DVD 影碟机的机械部分。它是 DVD 影碟机中最为关键的部件，直接影响着整台机器的正常使用及其寿命，而机芯中最为珍贵的则是激光头——简称为光头。目前市场上的 DVD 影碟机的机芯基本上有四种类型。

第一种为双激光头(DUAL LASERS)机芯，机芯中有两个激光头。当要播放的碟片进入碟仓后，读片机构首先检测出其格式。如果是 CD 或 VCD 碟片，就自动选用播放 CD 和 VCD 碟片的激光头来工作；如果是 DVD 碟片，则由播放 DVD 碟片的激光头来工作。不工作的激光头则自动断电而处于“休息”状态。双激光头最出色之处在于能读取 CD-R 或 CD-RW 碟片，并且读碟能力好，使用寿命也较长。缺点则是结构较复杂、造价较高，同时机械故障率也较高。

第二种是双聚焦(DUAL FOCUS)机芯，机芯中只有一个激光头。它采用双焦点编程透镜，当要播放的碟片进入碟仓后，激光头发出不同的激光束自动检测碟片，然后再按检测出的不同碟片规格而自动选择相应的聚焦点来读取信号，也就是说双聚焦机芯的单激光头同时产生两个不同焦距的聚焦光点，其中一个聚焦到 CD 轨道处，一个聚焦到 DVD 轨道处，从而来分别播放 CD、VCD 和 DVD 碟片。这种机芯结构简单、可靠性高且制造成本较低，但是激光头的使用寿命则要短些，并且单激光头无法读 CD-R 碟片上的信息，单激光头机芯的 DVD 机也要便宜一些。

第三种为双透镜(DUAL LENSES)机芯，机芯中也只有一个激光头，所以它也是单激光头机芯。激光头上有两个透镜，其中一个透镜用来播放 CD 或 VCD 碟片，而另一个透镜则是播放 DVD 碟片的专用透镜。双透镜机芯采用液晶快门开关来切换不同的透镜。这种机芯容易做到准确寻迹，但由于采用了双透镜结构，所以必须提高激光束功率，从而影响了激光头的使用寿命，而且因为频繁更换透镜也会使机械故障率增高一些。

第四种为双激光器机芯，双激光器机芯仍然只使用了一个激光头，但它是在一只激光头里而安装了两只激光二极管，其中一只激光二极管发射读取 CD、VCD 或 CD-R 碟片的 780 nm 的激光束，而另外一只激光二极管则发射读取 DVD 碟片的 650 nm 的激光束。故这种双激光器机芯的 DVD 机，除了可读取 CD-R 碟片外，读碟速度也更快，其结构也较简单，降低了机械故障率，并且使用寿命也较上述两种单激光头机芯要长。

综上所述，我们很难说何种激光头优，何种激光头劣？客观地说这些激光头各有其优点和不足之处。不过，从能播放 CD-R 碟片这一实用功能来说，单激光头机芯的 DVD 影碟机基本上是难以胜任的，但这并不能作为选购 DVD 机的唯一条件，还得综合其他性能和价格等因素来考虑。

(3) 选制式。DVD 影碟机、DVD 碟片和彩电都具有各种制式。目前市场上 DVD 影碟绝大多数都是 NTSC 制，只有少部分才是 PAL 制式的。并且，进口品牌 DVD 影碟机大都没有制式转换功能，也就是说，当播放 NTSC 制式的碟片时，输出的信号则是 NTSC 制的；而播放的碟片是 PAL 制时，则输出 PAL 制式的信号，两者之间无法转换。这也许是进口品牌 DVD 影碟机的一个不足之处。用它们和多制式的大屏幕彩电相连时，把彩电设置为"AUTO(自动)"时，彩电则会自动选择相同的制式，从而获得色彩艳丽的图像。而国产 DVD 影碟机则绝大多数都具有制式转换功能，这是国产机器的又一优势。这就是说可以把国产机输出信号任意设置为 PAL、NTSC 或 AUTO。把它们与大屏幕彩电相连后，如果把 DVD 机设置为"AUTO"时，播放 NTSC 制式碟片时便输出 NTSC 信号，播放 PAL 制式碟片时，则输出 PAL 信号。如果设置为"PAL"时，不论播放何种制式的碟片，输出信号则均是 PAL 制。如果设为"NTSC"时，则输出信号均是 NTSC 制。这就给使用老式单制式彩电的用户带来了极大的方便。

(4) 看兼容能力。影碟机的兼容能力就是指其能播放多少种碟片的能力。目前影音市场上的激光碟片一般说来有 CD、LD、VCD、CVD、SVCD、DVCD、HDCD、CD-R、CD-RW 和 DVD 等。大家知道，各种品牌和各种型号的 DVD 影碟机都是兼容 CD 格式的，也就是说都能播放 CD 碟片。然而，绝大多数 DVD 机则只能播放上述碟片中的几种。如先锋(PIONEER)的 DVL-909、DVL-K88 能播放的碟片有 CD/VCD/LD/DVD，它们最大的特点是能播放 LD 碟片；而建伍(KENWOOD)的 DVF-5010 和 THETA 的 DAVIA 却只能播放 CD/DVD 两种碟片。像索尼 DVP-S7000 和东芝 SD-K310T 等绝大部分进口机型能播放的碟片则是 CD/VCD/DVD 三种碟片。

国产 DVD 影碟机的兼容能力明显要比进口机型强很多，这是因为国产机型是根据中国的实际情况研制和生产的，因而也就备受广大消费者的欢迎。

(5) 选择虚拟环绕立体声功能。目前所有的电视机都没有设置"AC-3"系统，无法从电视机中再现"AC-3"的音响效果。虚拟环绕立体声(又叫模拟环绕立体声)功能使 DVD 影碟机在与电视机或两个机外扬声器相连接的情况下，在播放DVD碟片时，影碟机中的电路能够将声音信号有效地定向混合处理，从而使两只前置音箱再现出虚拟的 5 个声道的环绕立体声，使没有5.1声道系统的房间中的用户，依然可以享受到身临其境的音响效果。

24. 怎样正确使用音响设备？

(1) 音响设备的开机顺序，应先开音源部分即激光唱机、卡座、调谐器、电唱机等，选择其一，再开均衡器，最后再开功放。不少用户可能注意不到这些问题，若先开启了功放，将对功放的寿命和扬声器的高音单元造成损害。

(2) 音响设备音量控制也是设备保养的重要方法，有些设备的损毁是因为在开机时音量没有控制好所造成的。正确的使用规则是开机前，音量的旋钮要至于“0”位，然后再逐渐由小开到适中。关机时，先将音量旋钮关至“0”位再关机。

(3) 正确的关机顺序是应先关掉功放，然后再关掉效果器、均衡器和激光唱机、电唱机等音源部分，这样在切断其他设备电源的时候，其反峰电压就不会作用在功放上。

25. 怎样正确使用和保养影碟机？

(1) 在播放碟片时，不要挪动和拍打影碟机，以免造成光盘抖动，损坏激光头；有些盗版光盘质量低劣，播放这种光盘对影碟机将造成损害，为了影碟机的正常使用，还是使用正式出版的光盘为好。

(2) 机芯是影碟机内部最精密的部件，好比人的心脏。影碟机由于长期高速运转，容易沾染灰尘，摩擦产生静电吸附，油烟、粉尘易进入机芯，并日积月累覆盖激光头发出的信号，导致读取的信号损耗、减弱，甚至时常不能读碟，激光头遭受静电干扰，寿命更是不断减短。清洗激光头，只能清除表面尘埃，对机芯深层的污垢却无法处理。

(3) 机芯污染产生的常见现象有：图像马赛克增多、识别碟片能力减弱或判别错误、画面不清晰、声音失真、兼容性差、不读碟甚至没有激光产生导致机器报废等。针对上述现象，影碟机厂家一直致力于延长激光头寿命的研究。消费者应爱惜影碟机，别忘了在使用过程中进行防尘处理，在影碟机上加上防尘罩。

(4) 尽量保持光盘清洁，不要接触光盘的正面(即不带标签的一面)。勿跌落、划伤或弯曲光盘。不要用任何书写工具在光盘的标识面上作记号，也不要在上面贴纸或其他附着物。

26. 怎样清洁影碟机？

(1) 清洁前将电源断开，用湿抹布擦拭即可。

(2) 勿使用酒精等挥发性溶剂擦拭机体。

(3) 如积尘太厚，可用专用的清洁扫把擦拭，或由中央向四周擦拭。

(4) 用专业的防静电溶剂清洁碟片。

27. 怎样正确使用和保养麦克风?

(1) 选择安放接收器的位置，要使其避开“死点”。

(2) 在接收信号时，调整接收天线的角度、调准频率和调好音量使无线麦克风处在最佳状态。

(3) 无线麦克风的天线应自然下垂，露出衣外。

(4) 防止电池极性接反，使用完毕，将电池及时取出。

(5) 试声时忌拍打麦克风及向麦克风吹气，由于麦克风的拾音部分较精密，且部件很娇贵，拍打麦克风或向咪头吹气极易造成损坏或部件移位，最终影响音质。

(6) 对于有线麦克风，忌拉麦克风的引线，递交麦克风时也忌拉住麦克风的引线。由于麦克风具有一定的重量，经常拉住引线，就极易造成引线折断，另外，插头接触不好，也易造成拾音故障。

28. 控制电视机屏幕的亮度能节电吗?

在使用电视机时，控制电视屏幕的亮度，是节电的一个途径。最亮的模式和最暗的模式之间节约能耗的比例至少能达到30%～60%。以20英寸的CRT彩色电视机为例，屏幕最亮时功耗为85 W，最暗时功耗为55 W。

九、家用通信设备篇

1. 手机有哪些种类?

手机如图 37 所示，按操作系统可分为智能手机与非智能手机。一般具有 Symbian 6.0、Windows CE、Palm、Linux 开放性操作系统的手机统称为智能手机。

按照手机的功能特点可分为商务手机、相机手机、学习手机、老人手机、音乐手机、电视手机、游戏手机、隐形手机等。商务手机可以向商务人士提供一系列的基于手机平台的应用程序，比如收/发电子邮件、日程表、移动办公等。相机手机的摄像头像素至少在 200 万以上，带有自动对焦功能，带有闪光灯功能。音乐手机可以播放至少三种格式(MIDI 除外)以上的音频文件，本机内存至少在 128 MB 以上，或者支持扩展卡。

按照网络可分为 3G 手机、GSM 手机和 CDMA 手机。

图 37　手机

2. 什么是 GSM 手机?

GSM 全名为“Global System for Mobile Communications”，中文译为“全球移动通信系统”，俗称“全球通”。GSM 是由欧洲开发的数字移动电话网络标准，它的开发目的是让全球各地共同使用一个移动电话网络标准，让用户使用一部手机就能行遍全球。

GSM 系统有几项重要特点：防盗拷能力佳、网络容量大、手机号码资源丰富、通话清晰、稳定性强且不易受干扰、信息灵敏、通话死角少、手机耗电量低。

3. 什么是 CDMA 手机？

CDMA 即“Code Division Multiple Access”的缩写，译为“码分多址分组数据传输技术”，被称为第 2.5 代移动通信技术。CDMA 手机具有话音清晰、不易掉话、发射功率低和保密性强等特点，发射功率只有 GSM 手机发射功率的 1/60，被称为“绿色手机”。

4. 什么是 3G 手机？

3G 是英文“3rd Generation”的缩写，指第三代移动通信技术。相对第一代模拟制式手机(1G)和第二代 GSM、TDMA 等数字手机(2G)，第三代手机是指将无线通信与国际互联网等多媒体通信结合的新一代移动通信系统。它能够处理图像、音乐、视频流等多种媒体形式，提供包括网页浏览、电话会议、电子商务等多种信息服务。

5. 如何选择手机品牌？

选择手机品牌首先要选择有良好口碑，经常能听人谈起的知名品牌；其次，面对多种选择时，要视个人爱好、经济能力的情况而定；再次，可留意手机的广告及宣传，在某个品牌搞活动的时候去购买，一般都较划算。

6. 购机时如何使用机身码防伪？

每一部手机都有其唯一的 IEMI 码，购机时，只要按“*#06#”键，手机便会显示出本机唯一的 IEMI 序号。如果该序号与手机背面所贴的 IEMI 码序号一样，则不是翻新机；如不出现 IEMI 码序号或序号不一致，则绝对是翻新或水货手机。

7. 购机时要注意检查哪些标识？

(1) 检查手机是否有信息产业部的入网标志，有的地方还要求手机上必须有 CCIB 的商检标志。

(2) 检查机身上 IMEI 码、机器序号是否正确。

(3) 检查电池上是否贴有厂家的防伪标志。

(4) 检查是否有保修卡。

(5) 检查是否有产品说明书。

8. 什么是镍镉电池？

镍镉电池由两个极板组成：一个是用镍金属制造的；另一个是用镉金属制造的。这两种金属在电池中发生可逆反应，因此电池可以重新充电。

9. 镍镉电池有什么优缺点？

镍镉的特点是"结实"、价格便宜。缺点是镉金属对于环境有污染、电池容量小、寿命短，所以镍镉电池是最低档的电池。镍镉电池有记忆效应，每次充电都须先放电，后充电。

10. 什么是镍氢电池？

镍氢电池是氢离子和镍金属合成制造的电池，由于它不含镉金属，不会污染环境，因而又称为"环保电池"。

11. 镍氢电池有什么优缺点？

镍氢电池的电量储备比镍镉电池多 30%，因而使移动电话的通话时间也延长了 30%。镍氢电池比镍镉电池更轻、使用寿命也更长，且对环境无污染、无记忆效应。镍氢电池的缺点是价格比镍镉电池要贵，性能比锂电池要差，属于中档电池。

12. 什么是锂离子电池？

锂离子电池如图 38 所示，它是以锂离子为材料的一种高能量密度的电池。锂离子电池还是一种智能电池，它可以与专用原装智能充电器配合使用，达到最短的充电时间、最长的寿命周期和最大的容量。

图 38 锂离子电池

13. 锂离子电池有什么优缺点?

锂离子电池是目前性能最好的电池。与同样大小的镍镉电池、镍氢电池相比，其电量储备最大、重量最轻、寿命最长、充电时间最短、无记忆效应。但价格高，对充电器也有选择性。

14. 如何区别镍镉、镍氢、锂离子电池?

(1) 看标识。电池上一般标注的是英文标识。镍镉电池：Ni-Cd；镍氢电池：Ni-MH；锂离子电池：Li-ion。

(2) 比较重量。同等容量的镍镉电池、镍氢电池、锂离子电池比较，镍镉电池最重，其次为镍氢电池，锂离子电池最轻。

15. 如何为新的锂电池充电?

在使用锂电池中应注意的是，电池放置一段时间后则进入休眠状态，此时容量低于正常值，使用时间亦随之缩短。但锂电池很容易激活，只要经过3～5次正常的充放电循环就可激活电池，恢复正常容量。由于锂电池本身的特性，决定了它几乎没有记忆效应。因此用户手机中新的锂电池在激活过程中，是不需要特别的方法和设备的。因而充电最好按照标准时间和标准方法充电，特别是不要进行超过12个小时的超长充电。通常情况下，手机说明书上介绍的充电方法，就是适合该手机的标准充电方法。

16. 显示电池电量已满，但很快就没电了，是怎么回事?

有时会出现充电器和手机本身显示电池电量已满，而实际使用很短时间后电池就没电了。这是有记忆效应的电池，如镍镉电池和老化的电池会导致出现以上的情况。打个比方，有一满杯水，冷冻它，液态的水就会逐渐变成固态的冰。虽然冰也是水却不能喝。记忆效应类似于“冷冻把液态的水变成固态的水”，使电池已不能使用。由于电池的记忆效应或电池老化，使能用的电能转化为不能用的能量，因此手机虽然显示出电池电容量已满，但却只能使用很短的时间。这时，用户就得考虑换新电池了。

17. 如何预防电池的记忆效应?

很简单，只需用户每次使用手机时把电池电量彻底使用完就可以了。这样做会大大延长电池的使用寿命。

18. 手机的待机时间是什么？

手机工作在等待状态时称为待机。待机时消耗的电流比较小，与网络几乎无关，根据机型不同，消耗的电流从几毫安到几十毫安不等。待机时间取决于电池的容量及手机消耗电流的大小。其待机时间的算法为："手机电池容量/待机时的工作电流＝待机时间"。

19. 影响手机通话时间长短的因素是什么？

(1) 手机接外来电话或者往外打电话均称为通话状态。手机在通话状态下消耗电流比较大，一般从百十毫安到几百毫安不等。影响手机通话时间长短的因素是手机本身的品质。在手机发射功率相同时，质量好的手机因效率高而耗电量小，因此其最大通话时间就长。

(2) 与手机和基地分站的距离有关。当手机距基地台站较近时，手机会自动将发射功率降低，耗电就会小一些。反之，当手机距基地台站较远时，手机会自动加大输出功率而耗电会大一些。

(3) 通话时声音的大小不同，耗电也会不同，同样会影响到手机的通话时间。

20. 全配和简配手机有什么差别？

全配手机与简配手机的差别只是手机的配件配置不同。全配手机的硬件一般都有一个机头、二块电池、一个EP充电器、一个旅行充电器，少数的还带有耳机、车载充电器、流载装置、数据传输配件、皮套等。简配手机的硬件一般只有一个机头、一块电池和一个充电器。全配的功能更全、更方便，而简配的价格便宜。购买全配还是简配手机要视个人的需要、经济情况、爱好而定，没有性能好坏之别。

21. 什么是用户识别卡(SIM卡)?

用户识别卡简称SIM卡，如图39所示，它是由一块大规模集成电路芯片制成的。它的大小按照信用卡(俗称大卡)的标准尺寸制造。用户刚入网时得到的SIM卡是镶嵌在一张大卡上的，把它从大卡上取下来塞进手机的SIM卡插槽即可使用。

图39 用户识别卡

22. SIM卡存储的内容是什么？

(1) 用户识别号码，简单地说就是用户的电话号码。用户识别号码是全球统一编码的唯一能识别用户的号码，通过它可识别用户归属于哪一个国家、哪一个电信经营部门，甚至归属于哪一个移动业务服务区。

(2) 用户的密钥和保密算法。用户密钥和保密算法，既能鉴别用户身份，防止非法进入网络，又能使无线信道上传送的用户数据不会被窃取，从而杜绝了手机被盗号的问题。

(3) 个人密码(PIN码)和SIM卡解锁密码(PUK码)。PIN码是SIM的个人密码，可防止他人擅用SIM卡，当PIN码按错，SIM卡被锁住后，需PUK码来解锁。

(4) 用户使用的存储空间。用户可将一些固定短消息、号码簿等个人信息存入SIM卡中。

23. 使用SIM卡的注意事项是什么？

(1) 请勿将卡弯折，卡上金属触点尤其应小心保护。

(2) 卡上的金属触点要保持清洁，避免尘埃污染。

(3) 避免将智能卡置于温度低于–20℃或高于85℃的地方。

(4) 此卡只适用于批准入网的GSM数字移动电话机，否则将有可能使卡受到损坏。

(5) 为防止电话被盗用，请勿将SIM卡与个人密码一起存放。

24. 什么是PIN码？

PIN码是SIM卡的个人密码，可防止他人擅用SIM卡。在手机接通电源，将SIM卡插入手机时，屏幕上会显示出要求用户输入4～8位PIN码(新购机的用户，PIN码均为1234)，用户可以任意更改4～8位的密码，如果用户三次输入错误的密码，手机将会显示“PIN code blocked，enter PUK code”字样，说明SIM卡已被锁住。

25. GSM数字手机和模拟手机话音相比如何？

GSM数字手机的话音是被数字化之后才在无线信道上传送的，它不像模拟移动电话那样容易被干扰，因此通话时话音清晰、干扰小。但是由于传送的是数字化的话音，也存在话音有些失真的缺点。现在各国正在研究开发更先进的话音数字化编码技术，以降低GSM手机的话音失真度。

26. GSM 数字手机会被盗号吗?

答案是不会。因为GSM数字手机使用用户识别卡(SIM卡)，没有SIM卡就不能通话。用户的所有资料都存在SIM卡上，而SIM是由一块大规模集成电路芯片制成的，几乎无法复制。用户只要将SIM卡保管好或将SIM卡加密，不管是SIM卡本身还是SIM卡上的资料，被别人复制盗用都是不可能的。

27. GSM 数字手机是否会在发送中被偷听?

答案是不会。虽然现在可以在不影响运营者设备的情况下监测和发射无线电波，但是GSM数字手机拥有非常强的安全保密措施。首先，它采用动态地给用户分配临时用户识别码的方法来对用户身份进行保护，以防止用户位置泄漏。其次，GSM数字蜂窝移动电话系统对无线路径进行加密，特别是对所有用户信息加密，以防止第三方偷听。即使此信号被其他的无线电接收设备接收，也无法恢复成原来的话音。

28. 使用手机的注意事项是什么?

(1) 在飞机上使用手机可能会干扰飞机的通信网络，危及飞行安全，请在登机前关闭手机。

(2) 在加油站、化工厂、油库及爆破地点，请关闭手机。

(3) 使用手机时，不要接近个人心脏起搏器、助听器等。

(4) 在驾驶途中，请谨慎使用手机，以免影响交通安全。

(5) 防止手机遭受日晒、雨淋。

(6) 擅自安装不符合标准的天线或改动天线，会损坏手机，严重影响手机的操作功能。

29. 手机不能开机的常见原因及解决办法是什么?

(1) 电池没充电，需要充电。

(2) 电池放置不正确，电源的金属触点没有接触上，需要正确放置电池。

(3) 电池与机身触点不清洁，致使接触不良，触点需要保持清洁、干燥。

30. 手机不能通话的常见原因及解决办法是什么?

(1) 在网络覆盖区以外，要回到覆盖区才能通话。

(2) 在网络覆盖的盲区，要离开盲区才能通话。

(3) 在屏蔽区内，如高楼、地铁中，要离开屏蔽区才能通话。

(4) 使用了“呼叫禁止”功能，取消该功能即可。

31. SIM 卡不能工作的常见原因及解决办法是什么？

(1) SIM 卡插入不正确，需要正确插入。

(2) 金色的芯片部分受损伤，需要到营业厅重新换卡。

(3) SIM 卡及电话的电极不干净，需要用防静电的布清洁它们。

32. 电池不充电的常见原因及解决办法是什么？

(1) 充电器与电池连接不正确，需要正确连接。

(2) 充电器或电池的触点不干净，触点需要保持清洁、干燥。

(3) 电池已老化，需要换新电池。

(4) 电池具有记忆效应，致使一充即满，需要换新电池。

33. 电池比正常耗电快的常见原因及解决办法是什么？

(1) 手机处在信号弱的覆盖区，使电量消耗加快。在正常的覆盖区内，不会出现此问题。

(2) 手机天线在使用中没有伸开，使电量消耗加快。在使用手机中形成拉出天线的习惯，可以节电。

(3) 新电池或长期不使用的电池在使用头三次后，才能达到正常的标准性能。

(4) 旧电池或有记忆效应的电池会出现电池电量很短时间内耗完的情况，这时需要更换电池。

(5) 电池在极端温度条件下使用时，高温或低温都会大大影响电池性能，需要经常充电。

十、家用计算机设备篇

1. 计算机有哪些工作特点？

计算机如图40所示，它运算能力强、精度高、有记忆存储能力和逻辑判断能力，具有自动执行程序的能力。

图40 计算机

2. 计算机有哪些方面的应用？

科学计算、数据处理(占80%以上)、计算机辅助系统 (如CAD、CAM、CAI等)、实时控制、人工智能等。

3. 计算机硬件由哪几部分组成，各部分的作用是什么？

计算机硬件的基本组成：运算器、控制器、储存器、输入设备和输出设备。

运算器的主要功能是算术运算和逻辑运算。控制器是控制整个计算机，向计算机的其他部件发出控制信号，使它们协调一致工作的部件。储存器的主要功能是存放程序和数据。输入设备和输出设备用于输入和输出信息。输入设备是将程序、数据和指令转换成计算机能够接收的代码信息的设备。输出设备是将计算机处理的中间结果和最终结果，以人们通常能够识别的字符、表格、图形和图像等形式表示出来的设备。

4. 存储器的功能是什么？

存储器的主要功能是存放程序和数据。使用时，从存储器中提取信息，不破坏原有的内容，称为读操作；把信息写入储存器，原来的内容被抹掉，称为储存器的写操作。存储器通常分为内存储器和外存储器两种。

5. 内存的功能是什么？

内存储器简称内存(RAM)，如图 41 所示，它直接与 CPU 交换数据，是计算机中信息交流的中心。输入的程序和数据最初送入内存，控制器执行的指令和运算器处理的数据取自内存，运算的中间结果和最终结果保存在内存中，输出设备输出的信息也来自内存。

图 41　内存条

6. 外存与内存的差别是什么？

(1) 外存不怕停电。外存上的信息可长时间保存，大部分内存则是暂时保存信息。
(2) 外存的容量大于内存。
(3) 外存操作速度慢，内存操作速度快。

7. 计算机的内存是越大越好吗？

如果主板支持，电源功率足够大，那当然是内存越大越好。内存是 CPU 运算前的寄存器，和二级缓存一样越大越好。但整机的性能还受其他硬件的制约，比如 CPU 是单核的，即使装配 4 G 的内存也快不了多少。另外内存太大还会增加功耗。

8. 计算机的硬盘是越大越好吗?

硬盘如图 42 所示。一般来说，硬盘越大越划算，硬盘越大性能越好。硬盘越大，每 MB 容量所花的钱越少，性能价格比就越高。但是目前使用的软件及将来可能会使用的容量不会是无限的。硬盘容量超过软件容量越多，浪费就越多。所以应该根据将要使用软件的总容量，考虑到以后软件升级的因素，再乘上一个 1.5 的系数来确定硬盘的大小，而不是简单的越大越好。

图 42　硬盘

9. 计算机软件系统的组成是怎样的?

计算机软件系统分为系统软件和应用软件两大类。系统软件是负责管理、控制和维护计算机软件、硬件资源的一种软件。系统软件包括操作系统、语言处理程序、数据库系统等诸多软件。应用软件是利用计算机的软硬件资源为某一专门的应用目的而开发的软件。应用软件包括办公系统软件、图形处理软件等。

10. 什么是操作系统?

操作系统是计算机系统的一种系统软件，它统一管理计算机系统的资源和控制程序的执行。操作系统有多种类型，目前家用计算机主要使用的是 Windows 操作系统。

11. 操作系统的功能有哪些?

(1) 进程与处理机调度。
(2) 存储管理。
(3) 设备管理。
(4) 文件管理。
(5) 作业管理。

12. 什么是计算机病毒？

关于计算机病毒目前没有一个统一的定义，我国公安部计算机安全检察司对病毒的定义是：计算机病毒是指编制或者在计算机程序中插入的破坏计算机功能或者毁坏数据，影响计算机使用，并能自我复制的一组计算机指令或者程序代码。

13. 计算机病毒有何特点？

计算机病毒是一段可执行的程序，具有传染性、潜伏性、可触发性、破坏性、针对性、衍生性等特点。

14. 怎样预防计算机病毒？

(1) 经常做文件备份，重要的文件要多做几个备份。

(2) 一旦确认系统被病毒感染，应先关闭系统，然后用杀毒软件查杀病毒后，再使用计算机。或将硬盘格式化后，再重新安装系统，然后将新近做的数据和文件备份考入硬盘。

(3) 对不进行写操作的软盘和U盘都应该用写保护保护起来。

(4) 能从硬盘引导系统，就绝不用U盘引导。

(5) 不要让其他人随意使用自己的计算机，更不要随意在计算机上使用未经检测的软盘和U盘。

(6) 经常用杀毒软件查杀病毒。

15. 为什么要慎用U盘和移动硬盘？

有些用户喜欢使用U盘，不管哪里来的U盘，都是迅速地接入计算机，然后双击打开，这样的计算机肯定有中病毒的危险。使用U盘是公认的病毒传播的最主要途径，大多数病毒都能通过U盘等移动存储介质传播，所以要慎用U盘和移动硬盘。使用U盘和移动硬盘时，要先查杀病毒，然后再使用。

16. 使用硬盘要注意什么？

注意硬盘的防震。硬盘是一种高精度设备，工作时磁头在盘片表面的浮动高度只有几微米。当硬盘处于读写状态时，一旦发生较大的震动，就可能造成磁头与盘片的撞击，导致损坏。所以不要搬动运行中的计算机。在硬盘的安装、拆卸过程中应多加小心，硬盘移动、运输时严禁磕碰，最好用泡沫或海绵包装保护一下，尽量减少震动。一般计算机用户切记不能自行拆开硬盘盖，否则空气中的灰尘会进入到硬盘内，磁头在进行读、写操作时会划伤盘片或磁头。所以当硬盘出现故障时，切勿自行拆卸硬盘外壳，应该交送专业的厂家修理。

17. 什么是计算机网络，它有哪些主要功能？

计算机网络是指利用通信设备和线路将地理位置不同的、功能独立的多个计算机系统互联起来，以功能完善的网络软件实现网络中资源共享和信息交换的系统。计算机网络的主要功能有：

(1) 资源共享(基础功能)。

(2) 信息交换。

(3) 分布式处理。

(4) 集中管理。

18. 计算机网络通常可分为哪几类？

(1) 根据规模大小，距离远近分为：局域网(LAN)、城域网(MAN)、广域网(WAN)。

(2) 根据网络操作系统分为：UNIX 网络、NOVELL 网络、Windows NT 网络。

(3) 根据信息传输技术分为：① 广播式网络：只有一条通信通道，为网络中所共享。② 点到点网络：一对机器之间存在若干条连接而组成的网络。

(4) 根据连接方式分为：总线型、星型、环型、树型和混合型等。

19. 常用的网络传输介质有哪些？

(1) 双绞线电缆。

(2) 同轴电缆。

(3) 光缆。

(4) 无线传输介质。

20. 常用的网络主要连接设备有哪些？

(1) 网内连接设备包括网络适配器、中继器、集线器、传输线等。

(2) 网间连接设备包括网桥、路由器等。

21. 什么是因特网(Internet)?

因特网(Internet)是由全球范围内的开放式计算机网络连接而组成的计算机互联网。

22. Internet 的主要应用有哪些?

Internet 的主要应用包括“WWW”服务、电子邮件、文件传输、网上聊天、网络寻呼(OICQ)、网上购物、IP 电话、网络游戏等。

23. 计算机对环境的要求是什么?

一个良好的环境是计算机正常工作的基础，计算机对环境的基本要求是：

(1) 环境温度。计算机一般在室温(10～30)℃能正常工作。若环境温度高于 30℃，由于散热不好，会影响计算机内各部件的正常工作。因此，如果有条件，最好把计算机安装在有空调的房间内。

(2) 环境湿度。在安装计算机的房间内，其相对湿度最高不能超过 80%，否则会使计算机内的部件表面受潮、变质，严重时会造成短路而损坏机器。但相对湿度也不能低于 20%，否则容易使计算机系统产生静电干扰，引起机器的故障。

(3) 洁净要求。机房应该保持清洁。灰尘是计算机的大敌，它会产生大量的静电，给计算机部件的安全带来很大的隐患。如果机房内灰尘过多，会缩短计算机的寿命。通常在机房内应备有除尘设备，经常保持机房的卫生。

(4) 电源要求。计算机对电源的基本要求是：① 电压要稳。② 在计算机工作期间不能断电。如果电压不稳，不仅会造成磁盘驱动器运行不稳定而引起读写错误，而且会影响显示器和打印机等外部设备的正常工作。而中途断电则有可能损伤硬件或使用户的信息丢失，如果有条件的话，可使用交流稳压电源或不间断电源(UPS)。

24. 计算机在日常使用时应注意哪些事项?

(1) 正确地进行开机、关机。正常开机的顺序是先开外部设备，后开主机。如先开打印机、显示器、扫描仪等设备的电源，然后再打开主机的电源，关机的顺序则相反。

(2) 在计算机运行时，严禁拔插电源或信号电缆，磁盘读写时严禁晃动机箱。

(3) 系统非正常退出或意外断电后，应尽快进行硬盘扫描，及时修复错误。

(4) 在执行可能造成文件损坏或丢失的操作时，一定要格外小心。

(5) 不要频繁开、关电源。使用过程中若出现“死机”，应尽量使用热启动。在关闭计算机后若再次开机，其相隔时间最好不小于 60 s。

(6) 在计算机开机使用时，要注意对病毒的防御，尽量使用病毒防火墙。

(7) 经常备份硬盘上重要的数据。

(8) 击打键盘按键要轻而快，合理组织磁盘的目录结构。

25. 怎样对计算机进行定期维护？

定期维护包括日维护、周维护、月维护和年维护。此外，用户还应准备一个记录本，记载每次维护的内容及发现的问题、解决的方法和过程。主要的定期维护的内容如下：

(1) 日维护。用脱脂棉轻擦计算机表面灰尘，检查电缆线是否松动、查杀病毒等。

(2) 周维护。检查并确认硬盘中的重要文件已经备份，删除不再使用的文件和目录等。

(3) 月维护。检查所有电缆线插接是否牢固，检查硬盘中的碎片文件、整理硬盘等。

(4) 年维护。打开机箱，用吹气球将键盘键位之间的灰尘清理干净，用吸尘器吸去机箱内的灰尘，全面检查硬盘系统。

26. 怎样保护液晶显示器？

液晶显示器如图 43 所示。长时间不使用计算机时，可通过键盘上的功能键暂时将液晶显示器的电源关闭，除了省电外亦可延长屏幕寿命。请勿用力盖上液晶显示屏幕上盖或是放置任何异物在键盘与显示屏幕之间，避免上盖玻璃因重压而导致内部组件损坏。请勿用手指甲及尖锐的物品(硬物)碰触屏幕表面，以免刮伤屏幕。液晶显示屏幕表面会因静电而吸附灰尘，建议购买液晶显示屏幕专用擦拭布来清洁屏幕，并请轻轻擦拭。请勿用手指拍除灰尘，以免留下指纹，请勿使用化学清洁剂擦拭屏幕。

图 43　液晶显示器

27. 计算机的双核是什么意思？

所谓双核，简单的说就是在一块 CPU 基板上集成了两个运算核心。两个运算核心协作完成运算任务，但是双核处理器并不会带来性能的成倍翻升。在多任务处理上，双核处理器占有很大的优势，性能较单核有很大提升。但在单任务处理上，同等频率的双核处理器并不会占有多大的优势，有时还有可能不敌单核处理器。所以用户在购买时不要过分迷信双核或多核，还是要根据自己的需要，谨慎选择。

十一、家用数码产品篇

1. 什么是数码摄影?

数码摄影是指用数码照相机进行拍摄，用计算机进行加工处理，再用打印设备或数码彩色扩印设备进行输出的一种新型的摄影方式。

2. 什么是数码照相机，其特点是什么?

采用数码成像技术摄取和存储景物影像的照相机称为数码照相机(简称数码相机)，如图 44 所示。数码照相机的特点是不使用传统的感光胶片，而是用电荷耦合器件(CCD)光电芯片进行感光，并将取得的光信号转换为电信号加以存储。

图 44　数码照相机

3. 数码照相机的工作原理是什么?

数码照相机的工作原理是通过控制光圈的大小和快门的开启与关闭，通过镜头把景物成像在 CCD/CMOS 芯片上，CCD/CMOS 芯片把影像分解为成千上万的像素，并转换为电流信号。电流信号通过模数转换器转换为二进制的影像数据，存储在照相机的存储器中。这样即完成了一幅照片的拍摄。因此，数码照相机的工作过程，就是把景物的光影像转换为电子影像的成像技术过程。即景物成像靠镜头，控制适当的曝光靠光圈和快门，记录影像靠 CCD/CMOS 芯片，存储影像靠存储器。

4. 像素和分辨率的关系是什么？

分辨率是指影像所含像素的多少。像素越多，分辨率越高，影像效果越好、越清晰。分辨率通常表示成每一个方向上的像素数量。比如 640×480 的分辨率，其像素是 30 万，就是 640×480 的数学结果。

5. 电子取景器的作用是什么？

电子取景器就是把一块微型 LCD 放在取景器内部，由于有机身和眼罩的遮挡，外界光线照不到这块微型 LCD 上，也就不会对其显示造成不利影响。另一方面，它通过一组取景目镜来观察 LCD，有一定的放大倍数。电子取景器的功能类似于 LCD 液晶显示屏，但它是通过光学取景器显示。它的优点是可以避免因开启 LCD 液晶显示屏而过度消耗电量，从而增加拍摄时间和延长电池的使用寿命。在室外拍摄时，它还可以避免因 LCD 显示屏反光而导致的取景误差。电子取景器同彩色 LCD 一样可以用来回放、预览照片和进行菜单操作，使用起来非常方便。

6. 什么是数码变焦，有什么作用？

数码变焦是通过数码照相机内的处理器，把图片内的每个像素面积增大，从而达到放大目的。这种手法如同用图像处理软件把图片的面积放大，不过数码变焦程序是在数码相机内进行的，把原来 CCD 影像感应器上的一部分像素使用“插值”处理的手段进行放大，这样将图像放大到整个画面。

数码相机的镜头的变焦倍数直接关系到数码相机对原处物体的抓取水平。数码相机的变焦倍数越大，对远处的物体则拍摄得越清楚，反之亦然。因此，选择变焦大的数码相机，用户则可以在旅行时有效地摄取远处的景色。

7. 数码变焦与光学变焦的不同之处是什么？

数码变焦是感光器件在垂直方向上的变化，而给人以变焦效果的。在感光器件上的面积越小，那么在视觉上就会让用户只看见景物的局部。但是由于焦距没有变化，因此图像质量相对于正常情况下较差。

而光学变焦是通过镜头、物体和焦点三方的位置发生变化而产生的。当成像面在水平方向运动时，视觉和焦距就会发生变化，更远的景物变得更清晰，让人感觉像是物体在向自己递进。

8. 数码相机的附加功能有用吗？

数码相机的附加功能越多，意味着使用数码相机的乐趣更多、用途更广。例如，许多数码相机有视频输出功能，可接到电视机上浏览照片；有的可像手机一样自行设置开机图片和快门声音；有的有短时的数码录像功能。数码相机的驱动程序的安装应当十分简便，并能够快速下载图片、拥有照片预览功能等。例如佳能数码相机附带的软件功能就十分的完善，可分类管理图片，打印时的设置更是多种多样，还可简单修改图片等。

9. 怎样正确操作数码相机？

像使用传统相机时不能让胶片意外曝光一样，数码相机在拍摄过程中也应该严格按照说明书的指示操作。如在保存照片的时候，不要打开或拔出存储卡，这样容易导致存储卡损坏。由于数码相机在取景、拍摄、存储等一系列动作中都会比传统相机更加耗电，所以在用户熟悉相机的操作之后，最好不要用相机背部的液晶屏来取景，这样可以节省很多电量。数码相机是一部精密机器，使用过程中一定要注意轻拿轻放，尤其是相机镜头、液晶屏等敏感部件需加强保护，以延长相机寿命。

10. 目前常见的数码相机的存储卡有哪些类型？

存储卡如图 45 所示，其类型大多分为 CF 卡、MMC 卡、SD 卡、xD 卡和 MS 卡这五种。

图 45　存储卡

11. 什么是数码相机伴侣，其主要作用是什么？

数码相机伴侣是一个由高速大容量移动硬盘与多种读卡器合二为一的数码储存装置。

数码相机伴侣的主要作用是可以在没有电脑的情况下转存存储卡上的数据。

12. 数码相机采用的电池有哪些？

当今的数码相机采用的电池一般有两种：专用锂电池和 5 号 AA 电池(镍氢充电电池最常用)。无论是哪种电池，只要是随机销售的，一般在说明书中都会有使用注意事项。有的厂商甚至还会单独印出一份关于电池和充电器使用的指南。这些说明就是一些最基本但同时也很必要的电池保养之道，如电池应选择的充电方式、充电时间等。对于新用户，花费一点时间看完这些指南是必要的。同时在使用的过程中要注意电池的存放，保持电池的清洁、干燥，避免触点与金属等接触，避免电量流失和触点失效。如相机长时间不使用，需将电池取出存放在干燥阴凉的环境中。

13. 数码产品使用过程中要注意防尘吗？

数码产品使用过程中要注意防尘。灰尘是电子元器件的一大杀手。数码产品都是由集成度很高的电子元器件组成的。如果不注意防尘，有可能会造成一些故障。

14. 什么是 MP3？

简单地说，MP3 就是一种音频压缩技术，由于这种压缩方式的全称叫“MPEG Audio Layer 3”，所以人们把它简称为 MP3。MP3 播放器如图 46 所示。MP3 利用“MPEG Audio Layer 3”技术，将音乐以 1∶10 甚至 1∶12 的压缩率压缩成容量较小的文件。换句话说，它能够在音质丢失很小的情况下把文件压缩到更小的程度，而且还非常好地保持了原来的音质。正是因为 MP3 体积小、音质高的特点使得 MP3 格式几乎成为网上音乐的代名词。每一分钟音乐的 MP3 格式只有 1 MB 左右大小，这样每首歌的大小只有(3～4)MB。MP3 播放器对 MP3 文件进行实时的解压缩(解码)，这样高品质的 MP3 音乐就播放出来了。

图 46　MP3 播放器

15. MP3和MP4播放器有什么区别?

MP3和MP4播放器是一种存储式播放设备，可以说是随身CD、VCD、DVD机的换代产品。MP3能播放的音乐文件有MP3、WMA等，有些MP3播放器还附带有录音、FM收音机等功能。MP4播放器是MP3播放器的升级产品，如图47所示，兼容MP3文件，并能播放视频文件，如WMV、AVI文件等。它同MP3播放器相比，拥有更大的屏幕和内存，有些还带有摄像功能。

图47 MP4播放器

16. MP3播放器能连接电脑，却不能开机，怎么办?

可依照以下步骤操作检查：

(1) 驱动程序没安装或使用不当。如安装程序不对或没安装，需要找到相应的驱动程序重新安装。

(2) 丢失程序。在MP3播放器上下传输数据时，不正确的插拔机器，容易出现程序丢失。解决方法是从网上下载修补程序，安装在计算机上后，使用此程序对机器进行格式化。如解决不了，可发回厂家重新写程序。

(3) 接触不良。如连线松动或接插不到位，都容易引起接触不良，找不到设备。如果重新插拔连线还不行，则需要拆开机器来焊接接口处，最好发回厂家由厂家解决。

(4) 连线不当。有些MP3播放器为了控制耗电量，降低了机器的功率，可能会由于连线而造成功率不足找不到设备，此时可直接将MP3播放器插在电脑上；也有可能是连线不通，可更换连线。

(5) 开关机状态不同。有的MP3播放器需要开机连机，有的MP3播放器则需要关机连机。

(6) 先把电池取出(内置锂电池的机器不需要执行这个步骤)，按住播放键不放，连上电脑。计算机会像通常一样发现硬件，进行软件安装，然后运行驱动程序，用最新的驱动软件所附带的刷新工具重新刷新一下及进行固件升级，即可解决这种不开机的情况。如果不行，则需要送厂家进行维修。

17. 什么是数码相框?

(1) 数码相框是展示数码照片而非纸质照片的相框，如图 48 所示。因为全世界打印的数码相片不到 35%，所以数码摄影必然会推动数码相框的发展。数码相框通常是直接插上相机的存储卡展示照片，当然更多的数码相框会提供内部存储空间以实现外接存储卡的功能。

(2) 数码相框就是一个相框，不过它不再用放进相片的方式来展示，而是通过一个液晶屏幕显示。它可以通过读卡器的接口从 SD 卡获取相片，并设置循环显示的方式，比普通的相框更灵活多变，也给现在日益广泛使用的数码相片提供了一个新的展示空间。

图 48　数码相框

18. 数码相框有哪些种类?

数码相框总体上可以分三类：

(1) 简单功能数码相框(只能展示 JPEG 格式的图片)。

(2) 简单多媒体数码相框(可以播放音乐和视频)。

(3) 高级多媒体数码相框(通常支持无线 802.11 连接，还能从网站甚至电子邮件下载图片)。

大多数数码相框以幻灯片(一般有调整时间间隔的功能)的形式展示照片，有些数码相框也能播放相机中的视频和音频，如 MPG 格式的电影片段或 MP3 音频文件。

19. 数码相框有什么用途?

数码相框是时尚的电子消费品，也是家庭必备的装饰品，继承了数码的时尚和相框的温情，用途十分广泛。数码相框可以作为商务礼品、节日礼品、纪念品、福利奖品、车载数码器材、随身个性饰品等；可当作精美的艺术画框和相框，摆放在柜台桌面，也可挂在墙上当作壁画，还可以作为动态及静态的广告播放机使用。随着数码相框的大众化，一定会出现越来越多更有趣的创意应用。

20. 什么是电子书？

电子书是指一种将文字、图片、声音、影像等数字化出版物的信息内容植入或下载至集存储介质和显示终端于一体的手持阅读器，如图 49 所示。目前国内学术界以及社会各界初步认为：“电子书代表人们所阅读的数字化出版物，从而区别于以纸张为载体的传统出版物，电子书是利用计算机技术将一定的文字、图片、声音、影像等信息，通过数码方式记录在以光、电、磁为介质的设备中，借助于特定的设备来读取、复制、传输。”

图 49　电子书

21. 电子书是怎么构成的？

电子书由三要素构成：

(1) 电子书的内容。它主要以特殊的格式制作，是可在有线或无线网络上传播图书的具体内容。

(2) 电子书的阅读器。它包括桌面上的个人计算机、个人手持数字设备(PDA)、专用的电子设备(如“翰林电子书”、“汉王电子书”等)。

(3) 电子书的阅读软件。如 ADOBE 公司的“AcrobatReader”、Glassbook 公司的“Glassbook”、微软的“MicrosoftReader”，超星公司的“SSReader”等。

22. 电子书的主要特点是什么？

(1) 无纸化。电子书是一种“无纸的书”，没有传统书籍的纸质介质。传统书籍的信息是以“原子”形式存在的，而电子书的信息是以“数字”形式存在的。

(2) 传播快。传统书籍从生产到消费的流程是“作者—出版者—发行者—读者”。电子书可极大地简化这个过程，使这一过程成为“作者—读者”的直销模式。作家完成作品后，作品经过简单的制作使其变成电子书，然后作家的作品就可在瞬间呈现在读者眼前了。互联网是电子书传播的“高速公路”。

(3) 多媒体。电子书不仅能展现纸质书上的文字、图片内容，保持纸书的原版原式，同时还可以附带音频、视频等多媒体内容，表现形式比传统书籍更加丰富。

(4) 易检索。传统书籍内容的查询是十分耗时的事情。电子书以数字形式存储，检索起来十分方便快捷。这为学术研究提供了极大的便利，节省了人们宝贵的劳动和时间，加速了知识的利用、加工和再生产。

(5) 易存储。1G 的存储器可以存储大约 2 万多本电子书。一台笔记本电脑就可以成为一个“图书馆”。这极大地方便了书籍的保存和阅读，也节约了我们有限的生活空间。这使普通读者就可以拥有“图书馆”不再是什么新鲜事。

(6) 易携带。除了可以用计算机存储外，电子书还可通过移动存储设备保存。用户在外出时可以十分方便地携带大量的书，甚至是一座“图书馆”。

(7) 成本低。电子书应该说是成本极低。电子书的出版、发行在时间和物质上的消耗都降到了最低。许多网站销售的书，都是一两元钱一本，十分便宜。

十二、其他家用电器篇

1. 什么是电动自行车？

电动自行车是指以蓄电池作为辅助能源，在普通自行车的基础上，安装了电机、控制器、蓄电池、转把、闸把等操纵部件和显示仪表系统的机电一体化的个人交通工具，如图50所示。

图50　电动自行车

2. 电动自行车的结构是怎样的？

多数电动自行车是采用轮毂式电机直接驱动前轮或后轮旋转的。这些轮毂式电机根据输出速度的不同，分别与不同轮径的车轮配合，用以驱动整车行驶，速度可达20 km/h。虽然这些电动车的造型与电池的安装位置不尽相同，但是其驱动与控制原理存在共性。这类电动自行车是目前电动车产品中的主流。

少数电动车采用非轮毂式电机驱动。这些电动车采用侧挂式或者柱状电机、中置式电机、摩擦轮胎电机。一般采用这种电机驱动的电动车，其整车重量会有所降低，电机效率比轮毂式效率更低。在同样电池电量的情况下，使用这些电机的整车一般会比轮毂式整车持续行驶里程缩短5%～10%。

3. 怎样选购电动自行车?

(1) 选品牌。注意选择知名度较高的品牌，质量及售后服务均有保障。

(2) 挑车型。不同的车型，其安全性及使用性能差别较大。建议选购简易、轻便型。

(3) 看外观。注意表面光洁、光泽度，注意焊接、油漆、电镀质量。

(4) 找感觉。进行试骑行，感觉一下车辆的启动、加速、行驶是否平稳，车辆的操纵是否舒适，检查刹车松紧度、车把灵活性、车轮活动性。

(5) 查手续。查生产许可证、使用说明书、合格证是否有效、齐全，核对随车配附件是否齐全。特别注意是否为当地核准上牌的车型。

(6) 看配置。相关重要部件，如电池、电机、充电器、控制器、轮胎、转刹把等是否为品牌产品。电机最好选择无刷的。

4. 怎样保养和维护电动自行车?

电动自行车需要正确的日常维护和保养，才能方便安全的骑行，更能延长电动车的寿命。

(1) 电动自行车在使用前应注意检查车况是否良好，如轮胎气压是否充足，前后刹车是否灵敏，整车有无异响，螺丝是否松动，电池是否充足电。

(2) 在车辆刚启动时，应缓慢加速，避免瞬间急加速损伤元器件。为了延长电池、电机的寿命，在车辆启动、爬坡时应用脚踏助力板。

(3) 在保证安全的前提下，行驶中应尽量减少频繁刹车、启动，以节省电能。行驶中刹车时应松开调速把，以免损害电机及其他元器件。下车推行时，应关闭电源，以防推行时无意转动调速把，车子突然启动而发生意外。

(4) 充电器内含高压线路，不要擅自拆卸。充电时，充电器上不要覆盖任何物品，应放置于通风处，同时注意防止液体和金属颗粒进入充电器内部，防止跌落与撞击，以免造成损伤。

5. 电动自行车是怎样充电的?

充电器是电动自行车的主要部件之一，是给电池补充电能的装置。一般分二阶段充电模式与三阶段模式两种。二阶段充电模式为：先恒压充电，充电电流随电池电压的上升而逐渐减小。等电池电量补充到一定程度以后，电池电压会上升到充电器的设定值，此时转换为涓流充电。三阶段充电模式为：充电开始时，先恒流充电，迅速给电池补充能量。等电池电压上升后转为恒压充电，此时电池能量缓慢补充，电池电压继续上升，达到充电器的充电终止电压值时，转为涓流充电，以保养电池和供给电池的自放电电流。

6. 给电池充电时有哪些注意事项?

无论电池是否已充足电，始终要小心使用电池。因为所有铅酸电池均含有高腐蚀性的硫酸并会产生易爆气体，所以电池在充电时必须提高警惕。要在通风良好的区域为电池充电。把充电器红色正极接线与电池正极连接，黑色负极接线与电池负极连接。确保所有连接牢固及安全。在与电池连接前要关闭充电器，以免产生火花(当充好电后也要进行同样的操作)。不要尝试给损坏或结冰的电池充电。不能让电池过热或延长充电时间。

7. 怎样清洁电动玩具?

电动玩具在清洁时不能进水，否则会损坏里面的电子元件，使玩具丧失功能。在清洁电动玩具前要先拆下电池，然后用洁净的湿布擦拭。如果想彻底对电动玩具消毒，可以从药店购买无菌纱布蘸75%的医用酒精来擦拭表面，等酒精完全挥发后再给孩子玩耍。

8. 怎样选购电动跑步机?

电动跑步机如图51所示，其选购的要点如下：

(1) 台面厚度和长度。台面的厚度是减少关节冲击的关键。要选择材料厚的台面，最好是双层的。如果台面过薄容易造成台面弯曲、变形，造成危险。台面越大越长则会让运动者在运动的时候有更多的空间，也更有安全感。

(2) 速度调节。一个标准的跑步机的速度范围应该在(0～20)km/h，在其增减速度的时候，运动者应不会感到明显的惯性。

图51　电动跑步机

(3) 倾斜角度。选择可以调节台面角度的跑步机，模拟爬坡行走、上坡跑，可以给运动者带来更多的乐趣。

(4) 智能调整功能。目前世界上最先进的跑步机会在设定程序之后，根据运动者的心率自动调整速度和角度，帮助运动者达到训练心率的目的。

(5) 控制面板。标准跑步机的控制面板至少应有上面提到的基本显示功能，有些跑步机还会有更个性化的数据显示和存储功能。

9. 家用报警器有哪些种类?

家用报警器的分类方式如下：

(1) 按传感器可分为磁控开关报警器、震动报警器、声报警器、超声波报警器、电场报警器、微波报警器、红外报警器、激光报警器和视频运动报警器。

(2) 按探测器的工作方式可分为主动式和被动式报警器。主动式探测器在承担警戒期间要向所防范的现场不断发出某种形式的能量，如红外线、超声波、微波等能量。被动式探测器在承担警戒期间本身，则不需要向所防范的现场发出任何形式的能量，而是直接探测来自被探测目标自身发出的某种形式的能量，如红外线、振动等能量。

(3) 按探测电信号传输信道可分为有线报警器和无线报警器。

(4) 按警戒范围可分为点控制报警器、线控制报警器、面控制报警器和空间控制报警器。

(5) 按应用场合可分为室内与室外报警器，或分为周界报警器、建筑物外层报警器、室内空间报警器和具体目标监视用报警器。

(6) 按工作原理可分为机电式、电声式、电光式及电磁式报警器。

10. 什么是指针式石英电子钟?

指针式石英电子钟，又称第三代电子钟，如图 52 所示，它是现代电子技术与传统计时仪器相结合的现代钟表。

图 52　指针式石英电子钟

指针式石英电子钟外观与机械钟极为相似，它具有耗能小、走时精度高、结构简单的特点，是目前国内外最为流行的家庭理想计时仪表。石英电子钟的种类有挂钟、台钟、闹钟、程控钟等。

11. 指针式石英电子钟的结构和工作原理是什么？

指针式石英电子钟由石英谐振器、CMOS 集成电路、机电换能器(步进电机)、微调电容、机械器件以及电源等部分组成。

指针式石英电子钟的基本工作原理是以电池为供给能源，利用石英晶体谐振器产生高频振荡，集成电路中的振荡电路维持晶体产生周期稳定的振荡，分频电路将高频信号分频为每秒一个脉冲的信号，由驱动电路放大后，输送给步进电机，通过传动轮系将电动机的转动运动传给指示时间机构来指示时间。

参 考 文 献

[1] 杨尚威. 家用电器. 北京：高等教育出版社，1990.
[2] 尹绍武，等. 实用电工技术问答. 呼和浩特：内蒙古人民出版社，1980.
[3] 鲁恒坝，等. 家庭日用品使用维修大全. 呼和浩特：内蒙古人民出版社，1984.
[4] 胡振亚. 家用电器. 开封：河南大学出版社，1991.
[5] 胡长阳，等. 现代家用电子设备. 武汉：华中理工大学出版社，1991.
[6] 杨绍先，李文联，等. 摄影技术与艺术. 北京：高等教育出版社，2008.
[7] 李文联，等. 摄影摄像基础. 北京：高等教育出版社，2007.
[8] 钟凯勇. 电脑维修经验 200 例. 北京：电子工业出版社，1993.